生命科学前沿及应用生物技术

显微 CT 技术及其在植物中的应用

徐秀苹 冯 旻 编著

科学出版社

北 京

内 容 简 介

本书主要介绍显微CT的原理、操作及应用，分为显微CT技术发展概述、应用现状、基本操作与技巧、扫描实例、未来发展趋势共5个部分，详细介绍了显微CT技术的发展过程、原理及在植物中的应用现状。具体以布鲁克公司SkyScan1172显微CT为例，介绍显微CT的使用及技巧，之后列举了一些使用该仪器扫描的植物样品实例，并简要分析了显微CT技术的未来发展趋势。

本书可供高等院校的师生和科研院所的科技工作者使用，适合植物领域显微CT的初学者，也可作为有一定操作经验的操作者及其他研究领域研究者的参考用书。

图书在版编目(CIP)数据

显微CT技术及其在植物中的应用/徐秀苹，冯旻编著. —北京：科学出版社，2019.3

（生命科学前沿及应用生物技术）

ISBN 978-7-03-060716-4

Ⅰ. ①显⋯ Ⅱ. ①徐⋯ ②冯⋯ Ⅲ. ①计算机X线扫描体层摄影–应用–植物学 Ⅳ. ①Q94

中国版本图书馆CIP数据核字(2019)第040866号

责任编辑：罗 静 岳漫宇 刘 晶 / 责任校对：郑金红
责任印制：赵 博 / 封面设计：刘新新

科 学 出 版 社 出版
北京东黄城根北街16号
邮政编码：100717
http://www.sciencep.com

北京中科印刷有限公司印刷
科学出版社发行 各地新华书店经销
*

2019年3月第 一 版 开本：720×1000 1/16
2019年9月第二次印刷 印张：6 1/2
字数：131 000
定价：98.00元
(如有印装质量问题，我社负责调换)

前　　言

　　显微 CT 技术是一种非破坏性的三维成像技术，是电子技术、计算机技术和 X 射线摄影技术相结合的产物，可以在不破坏样品的情况下观测样品的内部显微结构与三维立体结构。它与普通临床 CT 最大的差别在于分辨率更高，可用于医学、药学、生物学、考古、材料科学、电子、地质学等诸多领域的研究。近年来，显微 CT 领域的科研论文、专利、项目立项等数量逐年上升。

　　显微 CT 技术应用广泛、操作灵活，但后期图像分析处理比较复杂。所以，操作者不仅需要透彻地理解显微 CT 技术的原理、应用特点，还需要掌握丰富的实际操作经验，针对不同样品的自身特点，确定最合适的扫描及图像分析方案。

　　全书详述了显微 CT 的原理、操作及应用，分为显微 CT 技术发展概述、应用现状、基本操作与技巧、扫描实例、未来发展趋势五个部分，并着重介绍在植物学领域的应用、面临问题和相关操作技巧。

　　编写本书的目的是让更多的读者了解显微 CT，从而在各种样品的形态学研究中特别是植物样品方面提供一种可选择的技术手段。此外，对于准备进行植物显微 CT 观测的科研人员，本书可以提供使用方面的参考。对于有一定经验的使用者和操作者，也可以提供一定的扫描经验。希望显微 CT 技术能更好地服务于科研，也希望借此为我国的植物结构学研究贡献一份微薄之力。

　　本书在编写过程中得到了孙斌博士、李鹏伟博士、鲁宾雁博士、王东博士的支持，在此深表感谢。感谢布鲁克公司王金波工程师和上海纳努科学仪器有限公司孙涛工程师提供的技术支持。本书结合已有的工作基础，经过三年的精心准备，内容经再三推敲和反复求证最终完成，但缺点和错误也在所难免，敬请各位专家和广大读者批评指正。

　　本书的出版得到了系统与进化植物学国家重点实验室、中国科学院植物研究所公共技术服务中心和中国科学院仪器设备功能开发技术创新项目（Y7111G1001）的资助。

徐秀莘　冯旻
系统与进化植物学国家重点实验室
2019 年 2 月

目　　录

第一章　显微CT技术发展概述 ... 1
第一节　CT技术的发展 ... 1
第二节　显微CT的分类 ... 4
第三节　显微CT技术的原理 ... 5
参考文献 ... 7

第二章　显微CT技术在植物研究中的应用现状 ... 9
第一节　显微CT在木材研究中的应用 ... 9
第二节　显微CT在植物化石研究中的应用 ... 15
第三节　显微CT在植物材料研究中的应用 ... 19
第四节　显微CT在植物应用中的问题及解决策略 ... 28
参考文献 ... 33

第三章　显微CT的基本操作与技巧 ... 38
第一节　SkyScan1172简介 ... 38
第二节　样品制备和安装 ... 38
第三节　样品扫描 ... 40
第四节　NRecon软件——重构断层图片 ... 47
第五节　图像分析-Dataviewer软件 ... 53
第六节　CTvox软件——图像分析 ... 57
第七节　图像分析-CTAn软件 ... 62
参考文献 ... 83

第四章　扫描实例 ... 84
第一节　水杉细枝的扫描 ... 84
第二节　大豆茎的扫描 ... 85
第三节　无苞杓兰花的扫描 ... 86
第四节　菠菜种子的扫描 ... 86
第五节　油茶种子的扫描 ... 87
第六节　还亮草种子扫描 ... 88
第七节　普通核桃与文玩核桃果壳的扫描 ... 88
第八节　槲蕨根状茎的扫描 ... 89

参考文献 90
第五章　显微 CT 技术未来发展趋势 91
　第一节　高对比度 CT 成像——相位衬度 CT 91
　第二节　超高分辨——纳米 CT 92
　第三节　同步辐射光源 93
　第四节　与显微 CT 结合的 3D 打印技术 95
　参考文献 96

第一章　显微 CT 技术发展概述

第一节　CT 技术的发展

1895 年，德国物理学家伦琴（图 1.1）在从事阴极射线的研究时，发现了一种新的射线，能够穿透厚书、2~3cm 的木板等。因为当时人们对这种神奇的射线一无所知，所以就用数学中表示未知数的符号"X"来命名这种射线。1901 年，伦琴因为这项成就获得诺贝尔物理学奖，所以 X 射线又叫伦琴射线。图 1.2 为伦琴为其夫人手部拍摄的 X 光片，无名指上的戒指清晰可见，这是人类的第一张 X 光片。

图 1.1　伦琴

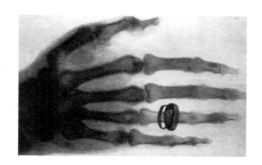
图 1.2　人类的第一张 X 光片

X 射线发现后，随即运用到医学治疗中。1896 年，在伦敦一妇女手的软组织中取出了一根缝衣针，放射影像学从此诞生。

1917 年，奥地利数学家 Radon（雷登）提出了图像重显理论的数学方法研究，他指出对二维或三维的物体可以从各个不同的方向上进行投影，称为雷登变换，然后用数学方法计算出一张重建的图像，也称为雷登逆变换。1956 年，美国天文学家 Bracewell 用这种方法处理了从太阳发射来的微波信息，运用图像重建方法，第一次根据一系列由不同方向测得的太阳微波发射数据，绘制了太阳微波发射图像。

1963年，美国物理学家Cormack在Journal of Applied Physics杂志上发表了两篇题为"用线积分表示一函数的方法及其在放射学上的应用"的系列文章，将Radon的原理应用到医学领域，解决了CT（computed tomography）图像重建的数学问题，这为医用CT扫描仪的诞生奠定了基础。

1967年，英国工程师Hounsfield勾画出计算机断层图像的概念，构想出CT扫描仪这种装置。1971年，Hounsfield研制成功世界上第一台用于医学临床的X射线CT扫描仪。1972年，这台CT扫描仪首次为一名妇女诊断出脑部的囊肿，取得了世界上第一张CT照片（Hounsfield，1973）。1979年，Hounsfield与论证了CT技术可行性的Cormack同获该年度的诺贝尔生理学或医学奖（图1.3）。

传统的X射线平片密度分辨率低，影像重叠，为2D影像。CT的发明弥补了X射线平片的不足，生成3D影像，是放射学里程碑式的重大发明，使得影像学进入了一个全新的阶段。后来以Hounsfield的名字作为CT值的单位，通常称亨氏单位（Hounsfield unit，HU），CT值是测定样品密度大小的一种计量单位，是CT图像中各组织与X射线衰减系数相当的对应值。

图1.3 1979年诺贝尔生理学或医学奖获得者
左：Hounsfield；右：Cormack

CT一经问世，便进入发展的快车道。CT的发展主要取决于光源、探测器和扫描方式的革新，围绕缩短扫描时间、提高图像质量两个焦点，相关产品不断更新换代，技术含量不断提高，从而使CT的临床应用越来越广、价值越来越大。通常，根据其发展的时间和结构特点，大致分成五代，而发展到螺旋扫描方式的

CT 后，则不再以代命名。

1. 第一代 CT 扫描机

第一代 CT 扫描机为旋转-平移扫描方式，采用笔形光源束，只限于脑部扫描检查。一般只有一个 X 射线球管和一个检测器，X 射线束为笔直单线束，扫描时 X 射线和检测器围绕受检体做同步平移-旋转扫描运动。这种 CT 扫描机结构的缺点是扫描时间长，一个断面需 3～5min。

2. 第二代 CT 扫描机

第二代 CT 扫描机仍为旋转-平移扫描方式，X 射线束由笔形改为 5°～20°的小扇形束，探测器增加到 3～30 个，扫描的时间缩短到每个断面只需要 20～90s。第二代 CT 扫描机与第一代相比缩小了探测器的孔径、加大了矩阵、提高了采样的精确性，使图像质量有了明显的改善。因为头部和四肢能较方便地固定，不会因器官的运动引起伪影，所以第二代 CT 主要用于头部和四肢的扫描。

3. 第三代 CT 扫描机

第三代 CT 扫描机改变了扫描方式，为旋转/旋转方式，X 射线球管做 360°旋转扫描后，其与探测器系统仍需反向回到初始扫描位置，再做第二次扫描。X 射线束是 30°～45°较宽的扇形束，探测器的扇形角度已扩大到人体全身，数目增加到 300～800 个，扫描时间进一步缩短到每个断面仅需 2～9s，可以做肺部和腹部的扫描。第三代 CT 扫描机目前应用最广泛。

4. 第四代 CT 扫描机

第四代 CT 扫描机几乎是和第三代同时发明的，其探测器形成一个环形阵列，可达 600～1500 个，扫描时探测器静止不动，X 射线球管旋转扫描，这消除了探测器故障引起的环形伪影。X 射线束的扇形角比第三代 CT 扫描机更大，达 50°～90°，一个断面扫描速度可达 1～5s。第四代 CT 扫描机的探测器可获得多个方向的投影数据，能较好地克服环形伪影。但随着第三代 CT 扫描机探测器稳定性的提高，并在软件上采用了相应的措施后，第四代 CT 扫描机探测器数量虽多，但在扫描中不能充分发挥作用，相对于第三代 CT 扫描机已无明显的优越性。

5. 第五代 CT 扫描机

第五代 CT 扫描机又称电子束 CT，它的结构明显不同于前几代 CT 扫描机。

它由一个电子束 X 射线球管、一组 864 个固定探测器阵列，以及一个负责采样、整理、数据显示的计算机系统构成。和之前的 CT 扫描机相比，最大的差别是 X 射线发射部分，利用电子方式控制撞击阳极的电子束，使其发出不同角度的 X 射线光束，以达到如同多管 X 射线光源的效果，依序以不同位置的 X 射线对剖面曝光，以取代旋转功能。系统扫描速度因而大大提升，缩短至每个断面需 0.01s，分辨率更高，可用于扫描活动的心脏。

6. 螺旋 CT 扫描机

螺旋 CT 扫描机突破了传统 CT 扫描机的设计，采用滑环技术，将电源电缆和一些信号线与固定机架内不同金属环相连运动的 X 射线球管和探测器滑动电刷与金属环导联。球管和探测器不受电缆长度限制，沿人体长轴连续匀速旋转，扫描床同步匀速递进（传统 CT 扫描床在扫描时静止不动），扫描轨迹呈螺旋状前进，因而称之为螺旋 CT 扫描机，可快速、不间断地完成容积扫描。

第二节 显微 CT 的分类

常规的临床 CT 分辨率在毫米量级，无法满足高分辨的要求。20 世纪 80 年代，最初的显微 CT 出现了（Kujoori et al.，1980；Sato et al.，1981；Elliott and Dover，1982；Feldkamp et al.，1984；Burstein et al.，1984；Bowen et al.，1986），开始使用桌面 X 射线源。其中，Feldkamp 的工作最具里程碑意义。Feldkamp 用微焦斑 X 射线源、灵敏的摄像机、荧光屏机建立了一套微型 CT 扫描机，开辟了锥束扫描，极大地缩短了扫描时间；但扫描样品的轴向尺寸受限。Kalendar 等（1990）又发展了一步，采用螺旋锥束扫描，从而使样品扫描不受轴向尺寸限制。现阶段的生物体显微 CT 发展起始于 20 世纪 90 年代中期，扫描机能无接触地扫描啮齿动物，满足小动物影像的需求，此时主要用于药物开发、肿瘤探测、基因研究（Holdsworth and Thornton，2002；Paulus et al.，2000；Weber and Ivanovic，1999）。

空间分辨率在亚毫米的 CT 称为显微 CT（microscopic computed tomography，micro-CT），又称微焦点 CT 或者微型 CT、μCT、X 射线微断层摄影术。根据空间分辨率，显微 CT 又分为三种（图 1.4）：微型 CT(mini-CT)、显微 CT(micro-CT)、纳米 CT(nano-CT)，但是习惯上仍将这些 CT 技术统称为显微 CT(Ritman，2011)。显微 CT 也就是"能看见组织和细胞图像的 CT"。

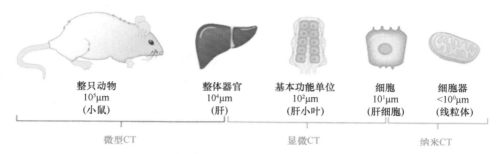

图 1.4　显微 CT 的分类（Ritman，2011）

小鼠大小为 10cm，小鼠器官为 1cm，组织的基本功能单位如肝小叶直径 100μm，细胞直径 5～10μm。这三个水平的显微 CT 依次可以获得整个小动物、器官、功能单位或细胞的三维立体图像

目前，显微 CT 已成为生物学、材料学中一种重要的快速、无损地进行高分辨三维成像的工具，是一种先进的无损检测技术。与其他无损检测技术相比，显微 CT 具有穿透力强、分辨率高、检测速度快、检测结果直观、不需与被测物品接触等优点。

第三节　显微 CT 技术的原理

经过多年的研究，现在已经清楚 X 射线是一种波长比较短、穿透力比较强的光。X 射线是由于原子中的电子在能量相差悬殊的两个能级之间的跃迁而产生的粒子流，是波长介于紫外线和 γ 射线之间（0.001～10nm）的电磁波。X 射线具有很高的穿透能力，能透过许多可见光不能穿透的物质，如石墨、木料等。这种肉眼看不见的射线可以使很多固体材料发生可见的荧光，使照相底片感光及产生空气电离等效应。

显微 CT 能够从多个角度拍摄照片、采集被摄样品的三维信息，在不破坏样品的情况下观察其内部结构。高度准直的 X 射线束环绕样品某一部位进行断面扫描时，部分光子被吸收，X 射线的强度因而衰减。而未被吸收的光子则穿透物体，被检测器吸收后，放大并转化为电子流，作为模拟信号输入电子计算机进行处理运算，求解出衰减系数值在物体某剖面上的二维分布矩阵，再把此二维分布矩阵转变为图像画面上的灰度分布，重构断层图像，获得三维图像，最终将数据在屏幕上显示，并获得相应点的 CT 值（图 1.5）。

X 射线球管发出 X 射线，照射样品，样品以一定的步长旋转 180°或 360°，每个角度生成一张 X 射线投影图，这些投影图重建为断层图，再生成三维图像。

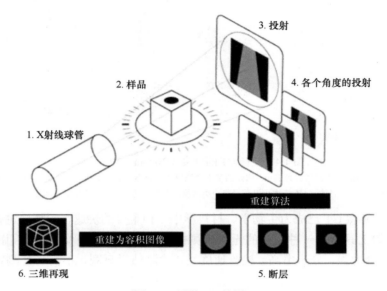

图 1.5　显微 CT 的原理

CT 系统主要包括 X 射线发生装置、检测器和数据采集装置、计算机系统、图像显示和存储装置及辅助装置等。

根据样品转动与否，CT 可分两种结构（图 1.6）。

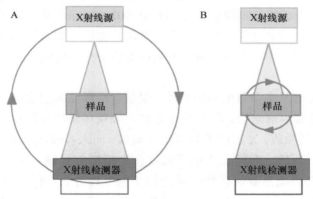

图 1.6　显微 CT 的两种结构原理
A. 医用及活体显微 CT 扫描原理；B. 离体型高分辨显微 CT 扫描原理

（1）样品静止：X 射线球管和探测器运动，球管绕样品旋转。扫描速度快，射线剂量小，空间分辨率较低，多用于活体动物扫描，医用 CT 多属于此类。

（2）样品转动：X 射线球管和探测器固定，样品在球管和探测器之间自旋，并可做上下和前后移动。扫描速度较慢，射线剂量大，空间分辨率高，多用于离体标本扫描。显微 CT 多属于此类。

1. X 射线成像的条件

X 射线之所以能用于观察物体的内部结构，是由于物体内部密度不同，有些光线能透过物体而另一些则不能穿透。例如，X 射线不能提供任何有关空气的结构信息（因为全部穿透），或 1cm 以上厚的石墨（因为全部吸收），因而部分穿透（或部分吸收）是物体内部影像得以呈现的先决条件。另外，物体的不同部分由不同物质组成，因此造成内部吸收率有差别，这也是成像的一个重要条件。所以最佳的显微 CT 成像来自于那些内部有着明显 X 射线吸收率差别的物体。总之，凡是具有密度差异的组织样品，理论上都可以使用显微 CT 扫描。

2. 显微 CT 的特点

显微 CT 不需要样品制备、不需要染色、不需要切薄片，一次扫描就能得到样品完整内部三维组织结构，实验后保证样品的完整无损。与传统的二维组织切片相比，无论是数据还是图像处理，显微 CT 拥有许多不可替代的优势。这对于化石等珍贵样品，或者木材等切片困难的样品，优势尤其明显。

显微 CT 能够提供两类基本信息：几何信息和结构信息。前者包括样品的尺寸、体积和各点的空间坐标，后者包括样品的衰减值、密度和多孔性等材料学信息。这源于显微 CT 拥有强大的图像处理软件，可以观察任意角度的断层图像和三维图像，定义任意数量和三维形状的感兴趣区域，分割或合并多个三维图像，定量计算样品内部选定区域的体积、面积、孔隙率、连接密度、结构模型指数、各向异性程度等。根据已知密度的标准品（体模），显微 CT 还可以得到样品的密度值，分析物质的种类、组成、强度和完整性等参数。

参 考 文 献

Bowen DK, Elliott JS, Stock SR, et al. 1986. X-ray microtomography with synchrotron radiation. Proc SPIE, 691: 94-98.

Burstein P, Bjorkholm PJ, Chase RC, et al. 1984.The largest and the smallest X-ray computed tomography systems. Nucl Instrum Methods Phys Res, 221: 207-212.

Elliott JC, Dover SD. 1982. X-ray tomog-raphy. J Microsc, 126(2): 211-213.

Feldkamp LA, Davis LC, Kress JW. 1984. Practical cone-beam algorithm. J Opt Soc Am A, 1(6): 612-619.

Holdsworth DW, Thornton MM. 2002. Micro-CT in small animal and specimen imaging. Trends in Biotechnology, 20(8): s34-s39.
Hounsfield GH. 1973. Computerized transverse axial scanning(tomography): 1.Description of system. Br J Radiol, 46: 1016-1022.
Kalender WA, Seissler W, Klotz E, et al. 1990 Spiral volumetric CT with single-breath-hold technique, continuous transport, and continuous scanner rotation. Radiology, 176(1): 181-183.
Kujoori MA, Hillman BJ, Barrett H. 1980. High resolution computed tomography of the normal rat nephrogram. Invest Radiol, 15: 148-154.
Paulus MJ, Gleason SS, Kennel SJ, et al. 2000. High resolution X-ray computed tomography: an emerging tool for small animal cancer research. Neoplasia, 2(1): 62-70.
Ritman EL. 2011. Current status of developments and applications of micro-CT. Annu Rev Biomed Eng, 13: 531-552.
Sato T, Chieda O, Yamakashi Y, et al. 1981. X-ray tomography for microstructural objects. Appl Opt, 20: 3880-3883.
Weber DA, Ivanovic M. 1999. Ultra-high-resolution imaging of small animals: Implications for preclinical and research studies. J Nucl Med, 6(3): 332-344.

第二章 显微 CT 技术在植物研究中的应用现状

自 20 世纪 70 年代 CT 被发明以来，就开始广泛应用于医学。20 世纪 80 年代早期，CT 开始应用于实验室研究（Elliott et al., 1981; Elliott and Dover, 1982），空间分辨率达到约 10μm，主要用于无机材料、化石和钙化骨的内部成像（Müller et al., 1994; Hildebrand and Rüegsegger, 1997; Rüegsegger et al., 1996）。后来，这些骨骼微观结构的详细三维图像很快用于建立这些组织的力学模型研究。显微 CT 得到的三维图像不仅能提供定性的图像信息，还能提供定量的测量，比如离散组分体积分数，以及它们的孔隙率和互连性（Keyes et al., 2013; Nakayama et al., 2011）。由于三维图像中包含空间信息，还可以进行详细的方向分析，估算粒子的大小和分布，判断一个结构的三维连通性等。

最近 20 年，显微 CT 开始广泛应用于土壤学和植物科学，研究土壤性质、土壤微生物对土壤性质的影响、植物根发育及四维结构。最近几年，显微 CT 越来越多地用于植物地上结构的研究。

第一节 显微 CT 在木材研究中的应用

木材是工业上重要的天然材料，在树木的生物学过程和木材的工业加工方面都具有重要的多种尺度结构特征。木材多尺度结构主要包括纳米级高分子结构、微米级细胞壁多层结构、毫米级生长轮结构。木材成分主要以纤维或者管胞为主，木材细胞壁主要由纤维素、半纤维素和木质素组成，其中纤维素约占干重的 40%~44%、半纤维素 15%~35%、木质素 18%~35%（Bowyer et al., 2007）。木材的纤维和管胞主要对木材生长起支撑作用，也是木材作为绿色建筑材料的主要原因。木纤维属于中空的细长细胞，并且细胞壁之间存在纹孔（图 2.1）。木材中的孔隙分布较广，主要包括木材细胞腔、细胞间隙、细胞壁上的纹孔及纹孔膜和细胞壁上纳米级孔隙，这些孔隙特性决定了许多木材的性质，特别是密度、热导率、渗透性和声学性能。

常规研究木材结构一般采用光学显微镜观察木材切片的方法，需要对木材进行切片处理。但该方法样品制备困难，且制样会对样品产生损伤，经常得不到满意结果。如果想得到木材的三维图像，可以通过光学显微镜观察连续切片，但这

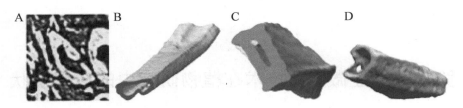

图 2.1 木材纤维的显微 CT 扫描（Wernersson et al.，2009）
A. 横切面；B～D. 通过该文方法提取出的不同形态的单个中空纤维图，图 D 的细胞壁上有纹孔

相当费工费时，不仅垂直于剖面的方向分辨率差，而且切片机的切片过程可能会引进假象。

显微 CT 检测由于其具有穿透力强、分辨率高、检测速度快、检测结果直观，而且无须破坏被检测物等特点，在木材检测领域显示出其独特的优越性，成为延续至今的一个热点研究方法。显微 CT 不仅可以提供二维信息，还可以提供三维可视化结构，并进行定量分析。所以，使用显微 CT 来观察木材样品的微观结构，不需要物理切片。三维重构后所有三个轴向方向上具有一致的分辨率，并且能够在任何期望的方向上进行数字切片，而不会对样品造成物理损伤。

木材宏观构造特征包括边材和心材、生长轮或年轮、早晚材、木射线、树脂道、管孔及轴向薄壁细胞等。木材细胞水平的显微结构参数包括管胞长度、管胞直径、细胞壁厚度、细胞性状、不同细胞类型的组成、孔隙率等。低分辨方面，显微 CT 用于系统性识别枝的存在与否，比如橡树中与分枝相关的节疤（Colin et al.，2010）。高分辨显微 CT 在木材形态定量方面有较多研究，Stuppy 等（2003）证明三维结构能用于多种木材切片研究，如棕榈、橡木、毛榉、云杉、道格拉斯冷杉、火炬松、柚木和桉树等。显微 CT 在研究维管组织方面有极大的潜力，Broderson 等（2010，2011）对用显微 CT 研究木质部建立了一套有用的工具。密度是木材重要的物理指标之一，几乎所有木材力学性能都与之相关，木材密度与 CT 值之间存在显著的线性正相关，Fromm 等（2001）和 Steppe 等（2004）成功地使用显微 CT 研究了木材密度。下面举例说明显微 CT 在木材研究中的应用情况。

在活的树干中插入热耗散流量传感器会引起木材组织的损伤，Marañón-Jiménez 等（2018）选取两株山毛榉树和两株橡树，使用显微 CT 研究树木伤口形成的动态形态学变化。将传感器探针插入树木，几周后，在每个传感器探针插入点周围切割 3cm×5cm×2cm（宽×高×长）大小的木材组织，在比利时根特大学 X 射线计算机断层扫描技术中心扫描，分辨率为 20μm，当样品切成 4cm×4cm×6.6mm

(宽×高×长)大小时最高分辨率达到 1.5μm。分别扫描湿样和干样(烘箱 40℃干燥 48h),结果发现湿样更易于区分侵填物形成的导管堵塞。研究还观察到导管的结构变化,如侵填物的形成、空间分布和变化等(图 2.2)。

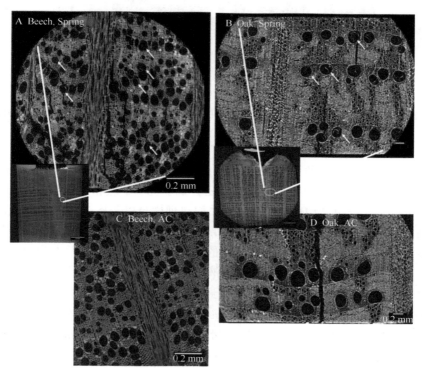

图 2.2　显微 CT 分析山毛榉和橡树热耗散流量传感器探针周围的木材组织
(Marañón-Jiménez et al.,2018)
白色箭头指示侵填物,部分堵塞了木质部导管,对照(C、D)样品未观察到
A、C. 山毛榉;B、D. 橡树。Spring,有损伤的样品;AC,无损伤的对照样品

柳树作为一种生物能源作物,能产生木质纤维素糖,表型的差异会导致产糖能力不同。Brereton 等(2015)使用尼康公司 Metrology HMX ST 225 显微 CT 研究柳树应力木(畸形木)次生木质部的变化,在三维模式上对应力木诱导产生的主要结构改变进行定量。结果发现,应力木的维管数目减少,但总体积增加,细胞程序性死亡(programmed cell death,PCD)延迟(图 2.3),说明应力木维管体积的增加参与应力木的形成,结构和水压的改变导致生物量的不同。

寄生植物的内生结构复杂,即使制作大量的解剖学切片,也很难得到其三维结构。Teixeira-Costa 和 Ceccantini(2016)使用布鲁克公司 Skyscan1176 显微 CT

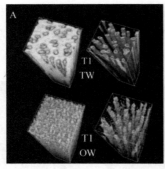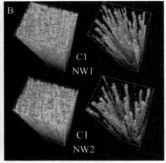

图 2.3 应力木（A）与正常木（B）显微 CT 扫描后的 3D 渲染（Brereton et al.，2015）
TW，tension wood，应力木；OW，opposite wood，对应木；NW，nature wood，正常木；
T1，应力诱导；C1，对照

研究两个佛陀属槲寄生种 Phoradendron perrottetii 和 Phoradendron bathyoryctum 的内生结构。使用 50%FAA 固定样品，还尝试了空气干燥和包埋两种方法，结果表明，空气干燥导致结构变化，用聚乙二醇包埋样品以干扰 X 射线穿透样品。使用提高对比度的溶液，如 Lugol 溶液（0.1%）和硝酸铅溶液（0.2%）以增强植物内生结构反差。具体操作为：将橡皮管的一端安装在斛寄生靠近木瘿瘤的一个分支上，管的另一端连接到装有对比度溶液储液器中（高于另一端 0.5～1m）。用剃须刀处理树木表面以保证维管露出，便于溶液渗入，处理 8h 后扫描。生长在宿主 Tapirira guianensis 上的 Phoradendron perrottetii 形成具有限制内生系统的小木本瘿瘤，沉降物短而最终聚集与宿主植物形成连续界面。而 P. bathyoryctum 的沉降物长，深深地穿入到宿主香椿木材的内部，分枝遍布木瘿瘤的所有方向，形成蔓延的侵染方式（图 2.4）。

解剖学与生理生态学知识的结合可以使人们更好地理解和预测气候变化对树木生长的影响。van Camp 等（2018）通过干旱实验研究土壤水资源利用对非洲热带树种类杜茎鼠李木的生理和解剖学的影响。干旱处理不同时间后，通过钉扎法（形成层损伤）取材，取下的木材立即用低密度聚乙烯塑料包裹以防脱水，用比利时根特大学研制的显微 CT 扫描。因为干样可以获得更多的信息，所以湿样扫描完后，放置在 20℃、湿度 65% 的条件下干燥 14 天后再次扫描。结果表明，在干燥期间，木材形成完全停止，直径剧烈收缩（图 2.5）。

van den Bulcke 等（2009）用显微 CT 研究了真菌对欧洲赤松、山毛榉、两蕊苏木、缅茄木的影响。以上四种类型的木材各 $1mm^3$，暴露于白腐真菌中一定时间后，在比利时根特大学 X 射线断层扫描中心扫描，扫描条件：50 kV，40 μA，步长 0.36°，每张图片扫描 1500ms，重构产生二维图像和三维立体图像，体素（三维空

第二章　显微 CT 技术在植物研究中的应用现状 | 13

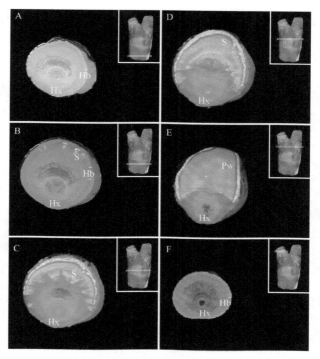

图 2.4　比较 *P. perrottetii* 在宿主 *T.guiiangin* 内形成的木瘿瘤结构
（Teixeira-Cost and Ceccantini，2016）

A. 无寄生植物的宿主分支的近端；B. 穿透宿主木材的楔形沉降物；C. 皮质部分的沉降物增加；D. 沉降物的聚集；E. 寄生组织占据分支周围的上半部；F. 无寄生组织的宿主分支远端。Hx，宿主木质部；Hb，宿主树皮；S，沉降物；PW，寄生的木材

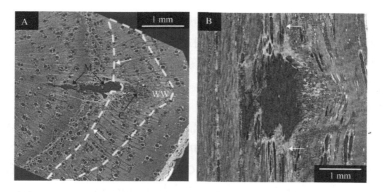

图 2.5　显微 CT 分析类杜茎鼠李木干样（van Camp et al.，2018）

A. 横切面；B. 径向切面。C，愈伤组织；M，机械损伤；WW，受伤的木材组织
受伤的组织用白色虚线标出界限，白色箭头指示受伤组织的内部边界

间分割上的最小单位）0.7μm×0.7μm×0.7μm。比较真菌处理前后木材的变化，发现在真菌处理后的木材内部和木材表面都能看到真菌（图2.6），证明该方法对于研究真菌和木材相互作用具有可行性。

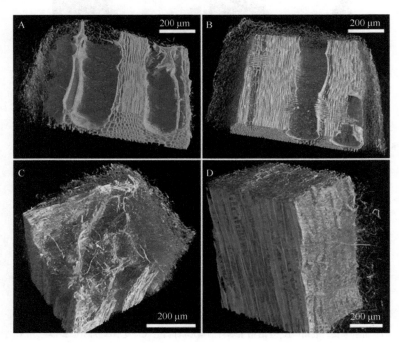

图2.6　体积渲染后木材中的菌丝（绿色）（van den Bulcke et al.，2009）
A. 缅茄木；B. 两蕊苏木；C. 山毛榉；D. 松树

孔隙率是木材的一个重要指标，测量孔隙率的常用方法有压汞法、阿基米德法和图像处理法，而图像处理法又包括扫描电镜法和显微CT法。这些方法中，压汞法无法测量过小的孔隙或封闭的孔隙，而阿基米德法无法检测开放的孔隙，扫描电镜法只能测量二维图像的孔隙率。显微CT法则可以克服以上这些问题，是目前测量孔隙率的最佳方法。

笔者使用布鲁克公司SkyScan1172显微CT扫描了杨木（Peng et al.，2015），分析了孔隙率。比较显微CT法和传统的压汞法测量孔隙率的差别，检测结果证实孔的大小分布趋势是一致的，但显微CT分析孔的百分比高于压汞法。

笔者还使用该显微CT扫描了杨木复合板材（Bao et al.，2016），将样品做成2mm直径的圆柱体，分别对密度为0.60g/cm^3、0.90g/cm^{3}和1.22g/cm^{3}的三个样品进行扫描，分辨率达到0.5μm。用CTAn软件分析图像，计算总孔隙率和平均孔径，获得每个孔的孔径分布。密度为 0.60g/cm³ 的样品比其他两种样品孔隙大，孔径的大小分布在 0.88～25.46μm，三个样品的孔径分布趋势相同，密度为 0.90g/cm³ 和 1.22g/cm³ 的两个样品孔径分布在相对狭窄的峰内（图 2.7），最大值为 4.39～7.90μm。结果表明压缩率越大，细胞腔体积就被压缩得越厉害，木材的孔隙率越低，细胞变得越紧密。

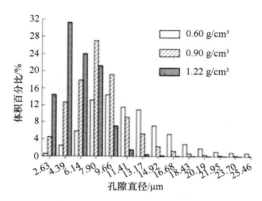

图 2.7　CTAn 软件分析三种不同密度杨木复合板材的孔径分布（Bao et al.，2016）

第二节　显微 CT 在植物化石研究中的应用

化石是研究生物起源和进化的重要材料。过去，观察化石的内部结构只能用磨片法。由于化石标本的稀缺性，很多精美的化石被磨片后不仅失去了全貌，而且无法再用其他方法进行进一步研究。此外，重要化石切面的获得具有很大的偶然性，加上从单一切面恢复生物体的立体形态存在相当大的误差，导致化石的描述和诠释充满了多解性和不确定性（殷宗军等，2009），所以很多珍贵化石的研究只能停留在样品外表面。显微 CT 不但可以无损地扫描样品，而且可以观察到各个切面的内部结构，所以对于化石这种珍贵、不可再生的样品是非常好的研究手段。1984 年，Conroy 和 Vannier 首次将 CT 扫描技术应用于古生物学研究，在不解剖化石的情况下，观察古人类颅骨化石的内部构造，进行三维重建，并生成"虚拟"切面观察不同平面的头骨。该成果发表于 1984 年的《科学》杂志上。此后，这种方法被越来越多的古生物学家包括古植物学家所采用。近年来，显微 CT 不断应用于化石研究（Devore et al.，2006；Friis et al.，2007；von Balthazar et al.，2007；Pika-Biolzi et al.，2000；Tafforeau et al.，2006）。

下面用一些例子说明显微 CT 在化石研究中的应用现状。

2006 年，Devore 等使用得克萨斯大学的显微 CT，对伦敦自然历史博物馆的一块始新世亚角古桃金娘（*Palaeorhodomyrtus subangulata*）植物化石进行扫描。该黄铁矿碳硫结合化石的果实层和种子层间的空隙使其有密度和成分的差异，该差异提供了较好的成像效果，得到了果实和种子的三维立体图像及其形态特征（图 2.8）。

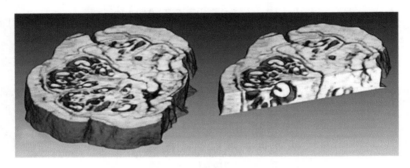

图 2.8　亚角古桃金娘果实中央部分的 CT 三维重建（Devore et al.，2006）
注意突出的宿存萼片、不同切面为数众多的种子、特征性的 C 形胚状体和厚厚的种皮

海底沉积物展现了复杂的结构多样性和生物多样性，包括细胞壁钙化的藻类。Torrano-Silva 等（2015）使用布鲁克公司的 SkyScan1176 显微 CT 扫描了长 5～8cm 的海底沉积物干样或湿样（湿样完全包裹以保湿），利用 Data Viewer、CTAn 和 CTvol 等软件，得到了样品的虚拟切片和三维立体结构（图 2.9），观察了样品内部的珊瑚藻、软体动物、复生的真菌等，提供了相应地层精确的生物学和地质学信息。

 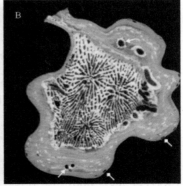

图 2.9　珊瑚藻化石的 3D 表面（A）及内部结构（B）（Torrano-Silva et al.，2015）

Friis 等（2016）在瑞士保罗谢尔研究所使用同步辐射显微 CT 扫描一块保存完好的晚白垩世早期花化石（图 2.10），该化石具有明确的核心真双子叶植物特征，包括 5 个萼片、5 个花瓣，两轮雄蕊（3+5）轮生于花杯的边缘，花杯上生有 3 个独立的雌蕊，花粉具三孔沟。这些特征决定了该化石在蔷薇类植物系统发育中的地位。这是晚白垩世早期出现核心真双子叶植物花的证据。

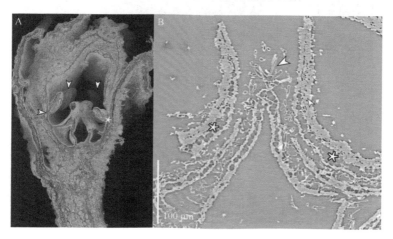

图 2.10　显微 CT 扫描 *Caliciflora mauldinensis* 化石的结构（Friis et al.，2016）
A. 三维结构的一个切面；B. 二维图的横向切面

Takahashi 等（2017）使用美国能源部阿贡国家实验室的同步辐射显微 CT，分析了晚白垩世日本双叶地区真双子叶植物化石 *Cathiaria japonica* 的组成和内部结构（图 2.11），该化石三维结构保存完好，能看到果序、种子、雌蕊、苞片、心皮、花梗、花托、花粉等形态，表明该化石可能属于昆栏树科，为晚白垩世中期欧亚大陆东部存在昆栏树科提供了最早的化石证据。

琥珀对研究古生物演化学、古生态学和生物行为学具有极其重要的意义，显微 CT 对于琥珀也是一种非常好的研究方法。与印痕化石主要保留的二维形态结构不同，由于包裹在琥珀中的生物遭受成岩作用破坏的程度较轻，保存了三维立体结构，拥有比普通化石更为丰富的生物结构信息和行为信息（殷宗军等，2009）。目前使用显微 CT 研究琥珀主要集中在脊椎动物（Sanchez et al.，2012，2013）、昆虫（Lak et al.，2008；Pohl et al.，2010）等，植物琥珀只有个别报道。

例如，Crepet 等（2016）使用康奈尔大学生物成像中心蔡司公司生产的 Xradia 520 Versa CT 扫描一块白垩纪中期（约 9800 万年前）的缅甸琥珀。该琥珀内部有一朵直径约 2.1mm 的两性花（图 2.12），具有半球形花杯，雄蕊约 12 个，于外围排成紧密的螺旋状，花丝比内部退化的雄蕊长，结构复杂，其一系列形态特征符合现代樟目家族，应属于香皮茶科和腺蕊花科的姐妹类群，这种特征组合在现代植物中未发现。

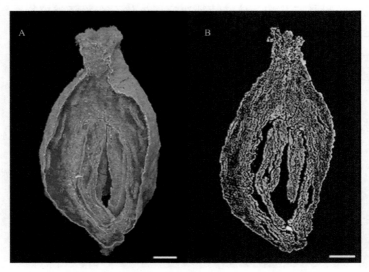

图 2.11　同步辐射显微 CT 扫描 *Cathiaria japonica* 化石果序（Takahashi et al.，2017）
A. 三维结构的一个切面；B. 二维图的纵向切面。标尺=100μm

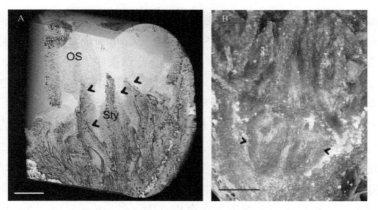

图 2.12　显微扫描白垩纪中期琥珀（Crepet et al.，2016）
A. 三维结构的一个切面；B. 二维图的纵向切面。标尺=110μm

图 2.13 是一块琥珀样品，距今约 1.4 亿年，笔者使用布鲁克公司 SkyScan1172 显微 CT 对其进行了扫描，经重构、生成三维立体图像、加伪彩色，内部的卷柏结构清晰，叶片及其背部的大孢子囊清晰可见。

图 2.13　琥珀及其内部的卷柏（向巧萍，未发表数据）
A. 琥珀样品外观；B. 显微 CT 扫描重构生成的三维结构；C. 内部的大孢子囊

第三节　显微 CT 在植物材料研究中的应用

显微 CT 是医学研究的基本仪器，近年来在植物科学方面的应用不断增加。它可以对样品进行无损检测，揭示样品的 2D 结构和 3D 结构，是弥合形态学和分子研究之间差距的理想工具。显微 CT 在植物方面最初用于研究根的发育（Heeraman et al.，1997；Hamza et al.，2001；Gregory et al.，2003；Kaestner et al.，2006；Perret et al.，2007）；后来研究了样品密度与背景有强烈差异而可以区分的样品，如种子（Cloetens et al.，2006）、花结构（van der Niet et al.，2010；Staedler et al.，2013）、维管（Leroux et al.，2011；Brodersen et al.，2011）、叶结构（Korte and Porembski，2011；Korte and Porembski，2012）、细胞结构（Yamauchi et al.，2012）、草酸钙晶体（Matsushima et al.，2012）、嫁接结构（Milien et al.，2012）等。

下面是近年来显微 CT 在植物中应用的具体例子。

细胞分裂和生长之间的关系非常复杂，视网膜母细胞瘤相关蛋白(retinoblastoma-related protein，RBR）是细胞周期中研究得很清楚的调控因子，Dorca-Fornell 等（2013）瞬时抑制拟南芥叶片中 *RBR* 基因的表达，使用 GE 公司的 Phoenix Nanotom 180NF 显微 CT 扫描新鲜叶片，分辨率为 4.5μm，三维结构重建后对其孔隙率进行分析（图 2.14）。与对照相比，*RBR* 在拟南芥叶片中的表达改变了叶肉分化，影响了组织的孔隙率和孔隙在叶片内的分布，从而说明了 *RBR* 在叶片早期发育中的作用。

植物维管系统中木质部导管间的连接是非常重要的连接系统，其三维立体结构非常复杂，很难有合适的研究手段。Brodersen 等（2011）使用美国劳伦斯伯克力国家实验室的显微 CT 对葡萄茎进行扫描，注射碘化钾溶液以增强对比度，重构之后生成三维立体图（图 2.15）。扫描了 4.5mm 的节间部分，使用 TANAX 软件

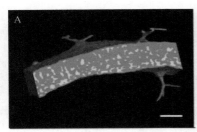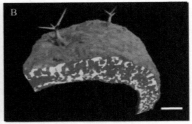

图 2.14　拟南芥扫描重构后加伪彩色（Dorca-Fornell et al.，2013）

绿色代表固体组织，黄色代表空气空腔的分布。A. 野生型；B. 抑制 RBR 表达。标尺=250 μm

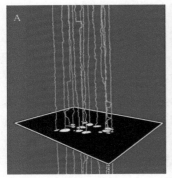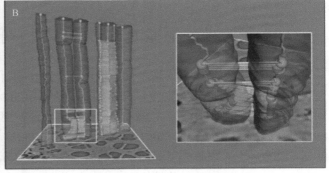

图 2.15　TANAX 软件提取出的管状结构骨架（A）和管状结构体积效果图（B）（Brodersen et al.，2011）

（Tomography-derived Automated Network Analysis of Xylem）自动提取出管状及管状间的连接结构，对 115 条管状结构中所有管和相互间的连接进行了定位，分析它们之间的放射状分布、起源，预测共用的细胞壁面积。这些研究有助于更好地理解管间连接如何影响水传导、病原体和栓塞的运动等。

苹果质地是苹果食用品质的一个重要指标，Ting 等（2013）使用布鲁克公司 Skyscan 1172 显微 CT 系统对 4 个不同品种的苹果进行扫描，每个品种重复 3 次，取圆柱状新鲜苹果果肉，直径 11mm，高 12mm，放在塑料管内用保鲜膜密封扫描，重构出二维图像和三维立体结构图形（图 2.16），分析了结构特点和孔隙率（细胞间孔隙与总体积之比），表明质地硬的苹果孔隙率低，质地软的苹果孔隙率高。最后，作者讨论了孔隙率与苹果质地和食用品质之间的关系。一般质地硬的苹果干物质含量高、孔隙率低，质地软的苹果干物质含量低、孔隙率高。

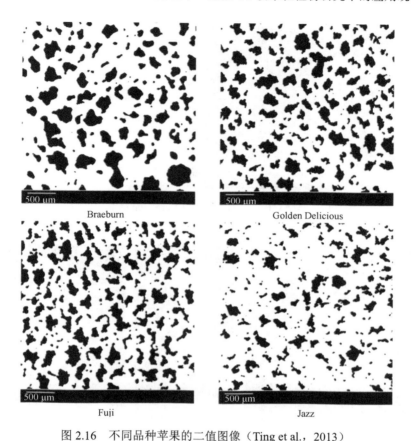

图 2.16　不同品种苹果的二值图像（Ting et al.，2013）
将 4 个不同品种苹果扫描横切面生成黑白二值图像，分析孔隙率。黑色代表孔隙，白色代表苹果果肉

发育中的种子基本依赖内部的氧进行有氧呼吸，但目前尚不清楚氧气如何扩散进种子。Verboven 等（2013）通过布鲁克公司 SkyScan1172 显微 CT 系统扫描发育中的油菜种子，得到二维图像和三维立体结构（图 2.17）。此外，作者还在欧洲同步辐射中心使用 150m 长的平行几何光束扫描了该种子，研究种子中的孔隙，分析发现氧池存储于孔隙中，孔隙的大小决定了气体交换的能力，从而影响种子的有氧呼吸。

花的发育一直是发育生物学研究的重要内容，拟南芥是研究花发育的模式植物。Bellaire 等（2014）将不同发育阶段的拟南芥花器官用磷钨酸浸泡以增强对比度，之后进行临界点干燥，使用显微 CT（MicroXCT-200；XRadia Inc.，Pleasanton，CA，USA）对不同样品进行扫描，重构出二维图像和三维立体结构（图 2.18）。

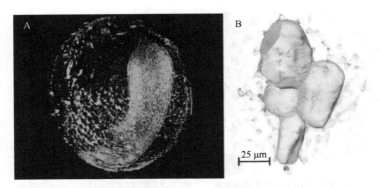

图 2.17　显微 CT 扫描油菜种子（Verboven et al.，2013）
A. 高分辨显微 CT 扫描；B. 同步辐射扫描（黄色：子叶细胞，蓝色：孔隙）

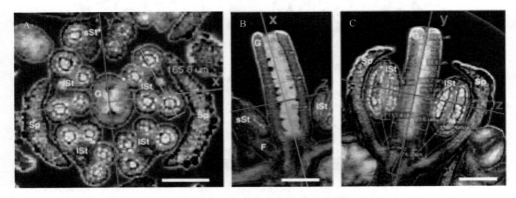

图 2.18　拟南芥花形态学参数测量（Bellaire et al.，2014）
A. 雌蕊和花药横切面的测量；B. 雌蕊纵切面测量；C. 花的纵切面测量；
G，雌蕊群；lSt，长雄蕊；sSt，短雄蕊；F，花丝；Sp，萼片。标尺=100μm

在二维图像上对花器官不同部位进行了测量，包括花的长度、雌蕊群长度、雌蕊宽度、花药长度、花药宽度、长短雄蕊的花丝长度，并对这些数据进行了统计学分析。整合代谢组学和形态学的数据，提出了一种花发育过程中的代谢调节模式。

显微 CT 还是定量研究花型变化的好方法。花是被子植物重要的生殖器官，因为花的结构复杂多变，花型变化很难定量研究，传统上使用二维图像，但二维图像不能充分地描述花的结构。van der Niet 等（2010）提出显微 CT 的 3D 技术与几何测量学相结合能成为精确定量花型改变的有效方法。Wang 等（2015）使用显微 CT 在三维水平定量研究大岩桐辐射对称和左右对称杂交花的花型变化（图 2.19）。体素为 70μm，图像重构后，将要研究的部分从背景图像中选择出来，每朵花选择了 95 个相似的特征点作标记，几何形态测量分析说明花的开放和背腹性对称是花最主要的形态变化。Hsu 开发了一款软件用于半自动标记花的特征点，接下来，三维图像的花开放程度和花冠对称性直接用于定量分析，证明传统的二维图像方法不能精确定量花型特征。该方法为花型改变研究开辟了一条新途径。

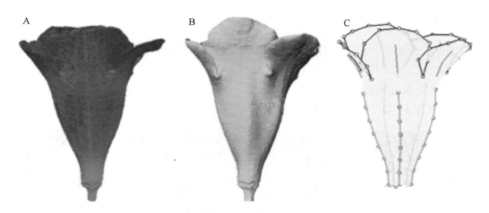

图 2.19　大岩桐花的显微 CT 扫描（Wang et al.，2015）
A. 体积图像；B. 表面图像；C. 花的特征性结构标记

之后，该团队（Hsu et al.，2017）又使用显微 CT 进一步研究了大岩桐中类 *CYCLOIDEA2* 等位基因对花瓣形态的作用（图 2.20）。共标记 9 个花瓣表型特征用于几何形态测量，花瓣的形态特征如花瓣宽度、向外弯曲度、左右不对称性、花瓣大小、中脉不对称性、裂片大小、花冠筒膨大等参数用于评估花型改变。结果表明，*CYCLOIDEA2* 基因型背部花瓣向后反折，侧部花瓣中脉不对称，花冠筒腹部一侧膨大。

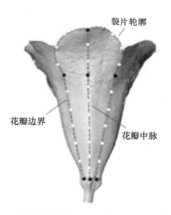

图 2.20　大岩桐花瓣的特征性标记（Hsu et al.，2017）
黑色点代表一级标记，白色点代表二级标记，虚线代表裂片轮廓、花瓣边界和花瓣中脉

兰科植物的蕊喙是合蕊柱的突出部分，把花药从柱头上分离出来，防止自花授粉。Gamisch 等（2013）发现 *Bulbophyllum bicoloratum* 的一个自交变异体的蕊喙能穿透花粉管而自花授粉。使用常规显微镜结合显微 CT 对其进行了研究（图 2.21），将自交个体的三朵花短时间置于 Copenhagen 液中（无水乙醇 70%、甘油 2%、水 28%），然后用 1%的磷钨酸（溶于 70%乙醇）渗透 7 天以增加对比度。将样品置于 100μL 枪头内的渗透液中以防止扫描过程干燥。使用美国 Xradia 公司的 MicroXCT-200 成像系统，日本浜松光电公司 L9421-02 90kV Microfocus X-ray（MFX）光源，电压 50kV，电流 100μA，每张照片曝光 30s，每个样品扫描了 10h。该试验首次证明了显微 CT 技术能够准确地检测开花植物花粉管生长的可行性。

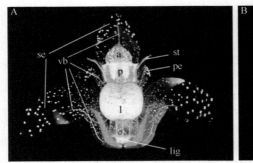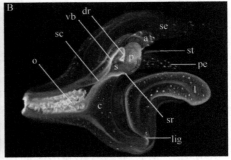

图 2.21 *Bulbophyllum bicoloratum* 花的显微 CT 扫描（Gamisch et al., 2013）
A. *Bulbophyllum bicoloratum* 花的自花授粉 3D 模式图；B. *Bulbophyllum bicoloratum* 花的纵剖面。dr，"移位"的（近直立）蕊喙；lig，唇瓣基部可活动的关节；o，子房；p，花粉；pe，花瓣；s，柱头腔；sc，柱头沟；se，萼片；st，蕊柱齿；sr，柱头穴边缘；vb，维管束

传统花粉计数有三种方法：裸眼法、计数器计数法和图像处理法（Costa and Yang，2009）。由于碎片、分布不均、聚集等，这三种方法各有局限，并且都破坏样品。Staedler 等（2018）开发了一张基于显微 CT 的计数新方法，使用蔡司公司的 MicroXCT-200 系统扫描了普通方法难于研究的欧洲兰花密集的花粉和胚珠，重构后在 AMIRA 软件中通过灰度阈值分割，图 2.22 用 3D 目标计数功能进行了自动计数，证明了该方法的准确性和广泛适用性。

叶脉是叶片的关键结构之一，发挥着重要的作用。过去没有合适的方法得到大量的叶脉数据，导致叶脉的研究受数据限制。Schneider 等（2018）用纸做了一个管状样品支持物，最多可以插入 25 个叶片，每个样品间用聚乙烯隔开，每 5 个样品为一组。使用通用电气公司纳米焦点 CT 对几种植物的叶片进行扫描（图 2.23），检测器到焦点的距离设置为 200mm 以降低检测器噪声，分辨率从商业标准的 25μm 提高到 7μm，快速获得了大量叶脉数据。

第二章　显微 CT 技术在植物研究中的应用现状 | 25

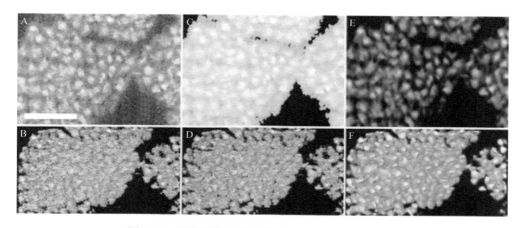

图 2.22　花粉图像加工过程（Staedler et al.，2018）
A. 原始数据；B. 3D 模型；C. 阈值分割；D. 阈值分割后的 3D 模型；E. 降噪处理；F. 降噪处理后的 3D 模型

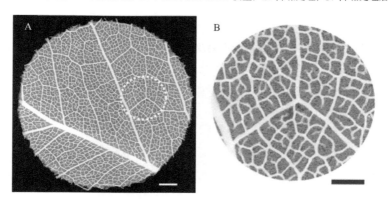

图 2.23　伯克苏木叶片 CT 扫描（Schneider et al.，2018）
B 图为 A 图圆形部分的放大。标尺：1 mm（A）或 0.5 mm（B）

　　Keyes 等（2018）使用四维同步辐射 X 射线 CT 观测植物根和土壤的微尺度相互作用（图 2.24）。例如，观测玉米根尖进入不同含水量和夯实度土壤中的情况，不同时间的数据表明了玉米根尖的原位生长，这些数据可以定性描述土壤与根尖的相互作用，运动学定量描述玉米根尖土壤变形情况。

　　显微 CT 在植物方面的应用，最令人兴奋的不是得到了这些静态的形态学和解剖学的特征，而是能看到体内动态的生理学过程。

　　当水分在负压下通过土壤-水-大气连通体运动时，木质部导管中经常发生空穴化，即栓塞，是植物在干旱等条件下受水分胁迫产生的木质部输水功能障碍。以前的研究采用核磁共振方法（Holbrook et al.，2001；Scheenen et al.，2007），但是复水时分辨率难以满足要求。Brodersen 等（2010）第一次使用高分辨显微 CT 检测葡萄茎栓塞（图 2.25），能观察到同一根导管内的排水和复水过程，成功的复水需要隔离张力，否则阻止栓塞修复。植物水分运输不是完全被动的过程，尽管木质部中存在张力，但植物还是可以恢复木质部的水传导能力。

图 2.24　显微 CT 扫描玉米根尖及周围的土壤（Keyes et al.，2018）
用白色圆点勾勒出根，向下取样到可计算的大小范围

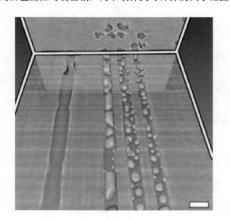

图 2.25　葡萄茎栓塞的 3D 体积渲染（Brodersen et al.，2010）
蓝色代表重新填充的水分，左侧导管重新充水失败。标尺=100 μm

之后，该团队（Brodersen et al.，2013）又使用高分辨显微 CT 检测了多达 8 个时间节点葡萄茎栓塞的变化（图 2.26），结果表明随着茎内部水势的逐渐降低，大部分栓塞通过导管间的连接呈放射状向表皮扩张，小部分栓塞通过侧向连接传向邻近导管。该研究证实韧皮部组织对于干旱诱导的栓塞扩散是非常重要的，栓塞主要通过纹孔膜扩散。

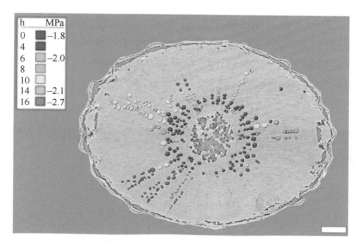

图 2.26　葡萄茎呈辐射状、扇形扩张的栓塞（Brodersen et al.，2013）
导管中不同颜色代表不同时间出现的栓塞。标尺=1 mm

Cochard 等（2015）使用 GE 公司 Nanotom 180 XS 显微 CT 研究树木木质部栓塞形成和再填充的过程（图 2.27）。使用管道长而易于发生栓塞的月桂树进行研究，将盆栽月桂树的当年新枝剪下，通过离心形成负压，投入液体石蜡中以防止样品干燥。显微 CT 扫描的空间分辨率为 2.0μm，重构后使用 VGStudioMax 软件（Volume Graphics，Heidelberg，德国）从样品中间部分提取二维横切面图片，用 imageJ 软件（Rasband，2014）分析样品栓塞百分比。

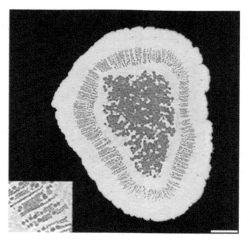

图 2.27　月桂树木质部横切面（Cochard et al.，2015）
灰色为正常有功能的木质部导管，黑色为栓塞导管，放大部分绿色代表固有的栓塞，黄色和粉色代表由于压力增加而出现的栓塞，红色代表压力低于−6MPa 时形成的栓塞。标尺=1mm

Pfeifer 等（2018）使用瑞士苏黎世联邦理工学院的显微 CT，扫描活体大豆叶片，为防止扫描过程中叶片移动，用塑料泡沫将叶片轻轻固定。在 80h 内的三个时间点（包括白昼和黑夜），测量了叶片厚度的昼夜变化（图 2.28）。结果表明，叶片面积的相对生长速率在夜间最快，叶片厚度的变化在傍晚时波动大。这为高分辨测定叶片生长提供了一个新方法。

图 2.28　大豆叶片厚度分析（Pfeife et al.，2018）
叶脉（橘红色）部分相对薄一些，中脉（粉色）部分相对厚一些

第四节　显微 CT 在植物应用中的问题及解决策略

显微 CT 技术诞生四十多年来，在医学方面发挥了巨大作用，在地质学和材料学等方面也有较多应用。20 世纪 90 年代末，CT 才开始应用于植物研究中，主要用于研究根的结构、形态发育和植物化石，逐渐也用于研究材料本身能与背景分开或密度较大的样品，如种子、细胞结构、维管组织、叶片等，但是在较软的组织如幼嫩器官和分生组织中的应用极少有研究。

X 射线对比度成像依赖于样品的密度、厚度和原子序数（Lusic and Grinstaff，2013）。由于植物组织主要由轻元素构成，X 射线吸收率较低（为 20%～40%），而吸收率在 65%～90% 的样品成像效果最佳。此外，幼嫩植物组织没有细胞壁，含水量高，样品内部密度均一。这些导致射线透过率没有明显差别，区分密度相近的样品结构边缘非常困难，重构后的图片反差非常小，噪声高（Rousseau et al.，2015）。来自同步辐射光源的相衬 CT 可以稍微克服这个问题，但是费用非常昂贵。

在动物中，为了增强对比度或样品中的特定特征，可以将样品浸入造影剂中化学染色，该方法简单，已经证明对多种样品有效（Metscher，2009a，b）。理想的造影剂应快速均匀地进入到样品内部而样品不变形，应该与感兴趣的特定特征结合，并且比周围组织具有更高的密度，以便增加 X 射线的衰减，从而增加样品中不同组织类型之间的对比度，且最好安全无毒。Pauwels 等（2013）发现在猪和小鼠的脂肪与肌肉组织中，磷钨酸、磷钼酸、正钼酸盐铵的对比度最佳，而碘化钾和钨酸钠能最有效地穿透大样品。不同的固定方法效果也不一样，Sombke 等（2015）发现 Bouin 固定液优于 70%乙醇和 2.5%戊二醛。

到目前为止，某些造影剂（如碘和磷钨酸）已被广泛应用于动物，因为它们符合上述几个标准（Shearer et al.，2016）。但是，这些造影剂也并不完美，已知碘会导致明显的样品收缩（Vickerton et al.，2013），磷钨酸灌注动物样品需要较长时间且不适合大样品（Shearer et al.，2014）。临床医学上为减少毒性，一般使用硫酸钡和碘复合物，植物上用碘尝试的较多。

Blonder 等（2012）比较了同步辐射、显微 CT 及用碘溶液处理的不同扫描效果。收集了 44 种木本植物和草本植物共 408 片叶片，切成 5mm×5mm 小片后 60℃烘干 3 天，用 2%碘和 4%碘化钾室温孵育干燥叶片 2 天，吸水纸吸干水分后放在信封里压平。使用 APS's 13-BM-D 光束同步辐射扫描，同时也使用桌面显微 CT 扫描，未用碘处理的样品干燥后直接扫描（图 2.29）。从结果中可以看出，用碘液处理后同步辐射扫描对比度得到了很好的提高，但未用碘液处理的叶片用桌面显微 CT 扫描与其效果类似，这也说明显微 CT 的效果在有些样品扫描效果不亚于昂贵的、大型的同步辐射。

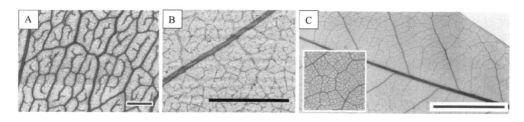

图 2.29　三种扫描效果比较（Blonder et al.，2012）
A. 碘处理样品同步辐射扫描 *Dubautia knudsenii* ssp. Knudsenii，标尺=1 mm；B. 同步辐射扫描（未用碘处理）*Rosa acicularis*（刺蔷薇），标尺=1mm；C. 显微 CT 扫描 *Eucalyptus microtheca*（未用碘处理），标尺=1cm

Staedler 等（2013）使用高锰酸钾、高铁二胺、钌红、Lugols 溶液、碘乙醇溶液、碘水、醇溶磷钨酸、FAA 溶磷钨酸、四氧化锇、四氧化锇+黄血盐、柠檬酸铅、酒石酸铋、乙酸双氧铀等十几种不同重金属溶液渗透处理几种植物，尝试不同时间,用 70%乙醇清洗后直接扫描。处理组织包括拟南芥开放的花、*Marcgravia caudata* 花芽(直径 2.5～3.5mm)、多香果花、*Haplophyllum lissonotum*(芸香科)花。比较扫描的效果(图 2.30)发现,经磷钨酸处理的样品,细胞质丰富的部分对比度增加最高,四氧化锇和酒石酸铋处理的样品液泡部分对比度增加最高。磷钨酸渗透样品的能力最强,磷钨酸对维管组织、细胞质丰富的组织和花粉的亲和力更高,从而引起这些组织比周围吸收更多的 X 射线,所以这些组织的重构图片会更亮。相对小的带电分子更易非特异性地结合带电表面如膜、溶解的带电分子(蛋白质、DNA 等)。渗透 2 天的对比度好于渗透 8 天的,时间过长,样品中的重金属溶液会渗出到溶液中。

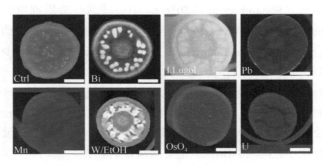

图 2.30　不同对比度试剂处理 *Marcgravia caudata* 花芽后扫描效果比较(Staedler et al.,2013)
Ctrl,对照;Bi,酒石酸铋;I.Lugol,Lugol's 溶液(13mmol/L I_2+41mmol/L KI);Pb,柠檬酸铅;Mn,高锰酸钾;W/EtOH,醇溶磷钨酸;OsO_4,四氧化锇;U,乙酸双氧铀

碘和重金属溶液用于提高植物组织对比度,但相应也出现一些问题。例如 Lugol's 溶液(13mmol/L I_2+41mmol/L KI)在孵育样品时引起植物组织很大损伤,并且从样品扩散的磷钨酸有毒。酒石酸铋需要较长的孵育时间;四氧化锇渗透性差、极其昂贵,并且有毒(Staedler et al.,2013)。因此,最理想的、使用广泛的植物对比度试剂应该易于吸收、无毒、价格合适、操作简单、孵育时间短。综合考虑,铯盐有可能用于提高对比度,但氯化铯和氟化铯的阴离子较轻,并且氯离子易引起脱水,氟离子有细胞毒性。碘化铯可作为最佳候选者,它的阴离子和阳离子都由重元素组成,并且铯离子容易被吸引到带电的果胶分子处,从而可以增强细胞边界的对比度(Wang et al.,2017)。所以,Wang 等(2017)探索了碘化铯造影剂的方法(图 2.31,图 2.32),使用 10%碘化铯造影剂处理梨果实托杯和番茄外果皮,造影剂通过脉冲真空取代果实中的空气,使其更容易在样品中扩散。经过分析,梨果实托杯细胞和番茄外果皮体积与对照相比各增加 85.4%和 38.0%,梨果实托杯细胞数量增加 139.6%。番茄复叶叶柄对比度增强,引起厚角组织和薄

壁组织的分辨率明显提高。此外，对比度增强使番茄小叶叶柄中的厚角组织和薄壁组织的定义明显改善，可以从其中提取细胞测量的定性和定量数据。对比度试剂的使用可提高致密组织的可视化和分析能力。

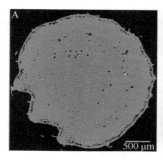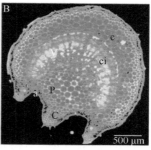

图 2.31　番茄复叶叶柄经 10%碘化铯处理后对比度增强（Wang et al.，2017）
A. 对照；B. 10%碘化铯

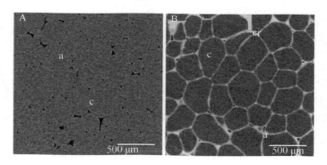

图 2.32　番茄中果皮经 10%碘化铯处理后对比度增强（Wang et al.，2017）
A. 对照；B. 10%碘化铯

a，黑色像素；c，代表细胞的暗灰像素；ci，碘化铯标记在细胞边界和细胞之间的白色像素。标尺=500μm

新鲜植物样品扫描的另一个问题是在扫描过程容易失水变形，所以保湿是一个重要环节。Staedler 等（2013）总结了不同大小样品的保湿方法（图 2.33）。

另外，将新鲜水饱和植物样品干燥处理也可以提高比对度，同时还可以解决新鲜植物样品在扫描过程中易失水变形导致图像模糊的问题。Dhondt 等（2010）将拟南芥样品固定、脱水、干燥、碘染色后扫描，能看到清晰的细胞结构（图 2.34）。

笔者对铁线蕨生长点进行了扫描（图 2.35），临界点干燥后的生长点能清晰地看到细胞结构，而未干燥的新鲜样品内部均一，分不出细胞结构。

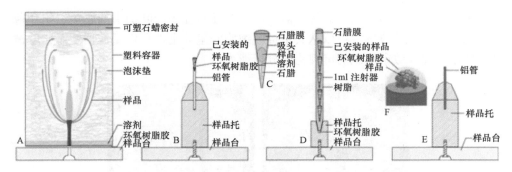

图 2.33　不同大小新鲜样品的安装方法（Staedler et al.，2013）

A. 大于 10mm 的大样品安装，样品下部浸在溶液中，周围用泡沫垫固定支撑样品。B～D. 1～10mm 样品的安装方法，对于中等大小样品，液面的运动会引起样品很大的震动，所以最好浸泡在溶液中扫描。B. 单个样品安装在移液管尖端，插入到铝管中粘上封口。C. 石蜡密封在移液管下端并稳定样品，封口膜封住移液管上端。D. 批量扫描样品的安装方法。E、F. 小于 1mm 样品的安装方法，小样品最好经临界点干燥后放在环氧树脂胶里扫描

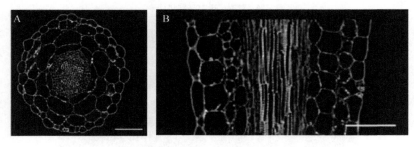

图 2.34　干燥后的拟南芥下胚轴 CT 扫描（Dhondt et al.，2010）
A. 下胚轴横切面；B. 下胚轴纵切面。标尺=50μm

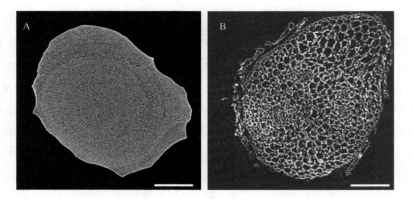

图 2.35　铁线蕨生长点显微 CT 扫描（样品来自房昱含，未发表）
A. 未干燥的新鲜样品；B. 经临界点干燥后的样品。标尺=400μm

笔者还对油松成熟胚进行了扫描（图 2.36），分别用水浸泡和碘溶液浸泡，用碘溶液浸泡后能看出胚的内部结构。

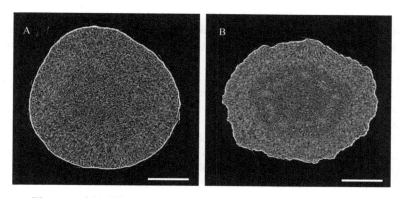

图 2.36　油松成熟胚显微 CT 扫描（样品来自胡子建，未发表）
A. 水浸泡的油松成熟胚；B. 碘溶液浸泡的油松成熟胚。标尺=200μm

另外，笔者正探索在仪器里加装保持低温的冷冻室，直接扫描新鲜样品，这对于失水易萎蔫变形的植物样品可能也将是一种解决方案。

参 考 文 献

殷宗军, 朱茂炎, 肖体乔. 2009. 同步辐射 X 射线相衬 CT 在古生物学中的应用. 物理, 38(7): 504-510.

Bao M, Huang X, Zhang Y, et al. 2016. Effect of density on the hygroscopicity and surface characteristics of hybrid poplar compreg. Journal of Wood Science, 62(5): 441-451.

Bellaire A, Ischebeck T, Staedler Y, et al. 2014. Metabolism and development-integration of micro computed tomography data and metabolite profiling reveals metabolic reprogramming from floral initiation to silique development. New Phytol, 202(1): 322-335.

Blonder B, De Carlo F, Moore J, et al. 2012. X-ray imaging of leaf venation networks New Phytol, 196(4): 1274-1282.

Bowyer JL, Shmulsky R, Haygreen JG. 2007. Forest Products and Wood Science, an introduction. 5th edn. Malden: Blackwell Publishing.

Brereton NJ, Ahmed F, Sykes D, et al. 2015. X-ray micro-computed tomography in willow reveals tissue patterning of reaction wood and delay in programmed cell death. BMC Plant Biol, 15: 83. doi: 10.1186/s12870-015-0438-0.

Brodersen CR, Lee EF, Choat B, et al. 2011. Automated analysis of three-dimensional xylem networks using high-resolution computed tomography. New Phytologist, 191: 1168-1179.

Brodersen CR, McElrone AJ, Choat B, et al. 2010. The dynamics of embolism repair in xylem: *In vivo* visualizations using high-resolution computed tomography. Plant Physiology, 154: 1088-1095.

Brodersen CR, McElrone AJ, Choat B, et al. 2013. *In vivo* visualizations of drought-induced embolism spread in Vitis vinifera. Plant Physiology, 161: 1820-1829.

Cloetens P, Mache R, Schlenker M, et al. 2006. Quantitative phase tomography of *Arabidopsis* seeds reveals intercellular void network. Proceedings of the National Academy of Sciences of the United States of America, 103: 14626-14630.

Cochard H, Delzon S, Badel E. 2015. X-ray microtomography (micro-CT): a reference technology or high-resolution quantification of xylem embolism in trees. Plant, Cell and Environment, 38: 201-206.

Colin F, Mothe F, Freyburger C, et al. 2010. Tracking rameal traces in sessile oak trunks with X-ray computer tomography: biological bases, preliminary results and perspectives. Trees-Struct Funct, 24(5): 953-967.

Conroy GC, Vannier MW. 1984. Noninvasive three-dimensional computer imaging of matrix-filled skulls by high resolution computed tomography. Science, 226: 456-458.

Costa CM, Yang S. 2009. Counting pollen grains using readily available, free image processing and analysis software. Annals of Botany, 104: 1005-1010.

Crepet WL, Nixon KC, Grimaldi D, et al. 2016. A mosaic Lauralean flower from the Early Cretaceous of Myanmar. Am J Bot, 103(2): 290-297.

Devore ML, Kenrick P, Pigg KB, et al. 2006. Utility of high resolutionx-ray computed tomography (HRXCT) for paleobotanical studies: an example using London Clay fruits and seeds. American Journal of Botany, 93: 1848-1851.

Dhondt S, Vanhaeren H, Van Loo D, et al. 2010. Plant structure visualization by high-resolution X-ray computed tomography. Trends Plant Sci, 15(8): 419-422.

Dorca-Fornell C, Pajor R, Lehmeier C, et al. 2013. Increased leaf mesophyll porosity following transient retinoblastoma-related protein silencing is revealed by microcomputed tomography imaging and leads to a system-level physiological response to the altered cell division pattern. Plant J, 76(6): 914-929.

Elliott JC, Dover SD. 1982. X-ray microtomography. J Microsc, 126: 211-213.

Elliott JC, Dowker SEP, Knight RD. 1981. Scanning X-ray microradiography of a section of a carious lesion in dental enamel. J Microsc, 123: 89-92.

Friis EM, Crane PR, Pedersen KR, et al. 2007. Phase-contrast X-ray microtomography links cretaceous seeds with Gnetales and Bennettitales. Nature, 450: 549-511.

Friis EM, Pedersen KR, Crane PR. 2016. The emergence of core eudicots: new floral evidence from the earliest Late Cretaceous. Proc Biol Sci, 28(283): 1845.

Fromm J, Sautter I, Matthies D, et al. 2001. Xylem water content and wood density in spruce and oak trees detected by high-resolution computed tomography. Plant Physiology, 127: 416-425.

Gamisch A, Staedler YM, Schönenberger J, et al. 2013. Histological and micro-CT evidence of stigmatic rostellum receptivity promoting auto-pollination in the madagascan orchid Bulbophyllum bicoloratum. PLoS One. doi: 10.1371/journal.pone.0072688. eCollection 2013.

Gregory PJ, Hutchison DJ, Read DB, et al. 2003. Non-invasive imaging of roots with high resolution X-ray micro-tomography.Plant and Soil, 255: 351-359.

Hamza MA, Anderson SH, Aylmore LAG. 2001. Studies of soil water drawdowns by single radish roots at decreasing soil water content using computer-assisted tomography. Australian Journal of Soil Research, 39: 1387-1396.

Heeraman DA, Hopmans JW, Clausnitzer V. 1997. Three dimensional imaging of plant roots *in situ* with x-ray computed tomography. Plant and Soil, 189: 167-179.

Hildebrand T, Rüegsegger P. 1997. A new method for the model-independent assessment of thickness in three-dimensional images. J Microsc, 185: 67-75.

Holbrook NM, Ahrens ET, Burns MJ, et al. 2001. *In vivo* observation of cavitation and embolism repair using magnetic resonance imaging. Plant Physiol, 126: 27-31.

Hsu HC, Wang CN, Liang CH, et al. 2017. Association between petal form variation and CYC2-like genotype in a hybrid Line of Sinningia speciosa. Front Plant Sci, doi: 10.3389/fpls. 2017. 00558. eCollection.

Kaestner A, Schneebeli M, Graf F. 2006. Visualizing three-dimensional root networks using computed tomography. Geoderma, 136: 459-469.

Keyes SD, Boardman RP, Marchant A, et al. 2013. A robust approach for determination of the macro-porous volume fraction of soils with X-ray computed tomography and an image processing protocol. Eur J Soil Sci, 64: 298-307.

Keyes SD, Cooper L, Duncan S, et al. 2018. Measurement of micro-scale soil deformation around roots using four-dimensional synchrotron tomography and image correlation. J R Soc Interface, 14(136). pii: 20170560. doi: 10.1098/rsif.2017.0560

Korte N, Porembski S. 2011. Anatomical Analysis of Turgescent and Semi-Dry Resurrection Plants: The Effect of Sample Preparation on the Sample, Resolution, and Image Quality of X-Ray Micro-Computed Tomography (mu CT). Microscopy Research and Technique, 74: 364-369.

Korte N, Porembski S. 2012. A morpho-anatomical characterisation of *Myrothamnus moschatus* (Myrothamnaceae) under the aspect of desiccation tolerance. Plant Biology, 14: 537-541.

Lak M, Azar D, Nel A, et al. 2008. The oldest representative of the Trichomyiinae (Diptera: Psychodidae) from the Lower Cenomanian French amber studied with phase contrast synchrotron X-ray imaging. Invertebr Syst, 22: 471-478.

Leroux O, Knox JP, Masschaele B, et al. 2011. An extensin-rich matrix lines the carinal canals in *Equisetum ramosissimum*, which may function as water-conducting channels. Annals of Botany, 108: 307-319.

Lusic H, Grinstaff MW. 2013. X-ray computed tomography contrast agents. Chem Rev, 113: 1641-1666.

Marañón-Jiménez S, Van den Bulcke J, Piayda A, et al. 2018 X-ray computed microtomography characterizes the wound effect that causes sap flow underestimation by thermal dissipation sensors. Tree Physiol, 38(2): 287-301.

Matsushima U, Hilger A, Graf W, et al. 2012. Calcium oxalate crystal distribution in rose peduncles: non-invasive analysis by synchrotron X-ray micro-tomography. Postharvest Biology and Technology, 72: 27-34.

Metscher BD. 2009a. MicroCT for developmental biology: a versatile tool for high-contrast 3D imaging at histological resolutions. Dev Dyn, 238: 632-640.

Metscher BD. 2009b. MicroCT for comparative morphology: simple staining methods allow high-contrast 3D imaging of diverse non-mineralized animal tissues. BMC Physiol, 9: 11.

Milien M, Renault-Spilmont AS, Cookson SJ, et al. 2012. Visualization of the 3D structure of the graft union of grapevine using X-ray tomography. Scientia Horticulturae, 144: 130-140.

Müller R, Hildebrand T, Ruegsegger P. 1994. Non-invasive bone biopsy: A new method to analyse and display the three-dimensional structure of trabecular bone. Phys Med Biol, 39: 145-164.

Nakayama H, Burns DM, Kawase T. 2011. Nondestructive microstructural analysis of porous bioceramics by microfocus X-ray computed tomography (μCT): a proposed protocol for standardized evaluation of porosity and interconnectivity between macro-pores. J Nondestruct Eval, 30: 71-80.

Pauwels E, Van Loo D, Cornillie P, et al. 2013. An exploratory study of contrast agents for soft tissue visualization by means of high resolution X-ray computed tomography imaging. J Microsc, 250: 21-31.

Peng LM. Wang D, Fu F, et al. 2015. Analysis of wood pore characteristics with mercury intrusion porosimetry and X-ray micro-computered tomography. Wood Research, 60: 857-864.

Perret JS, Al-Belushi ME, Deadman M. 2007. Non-destructive visualization and quantification of roots using computed tomography. Soil Biology & Biochemistry, 39: 391-399.

Pfeifer J, Mielewczik M, Friedli M, et al. 2018. Non-destructive measurement of soybean leaf thickness via X-ray computed tomography allows the study of diel leaf growth rhythms in the third dimension. J Plant Res, 131: 111-124.

Pika-Biolzi M, Hochuli PA, Flisch A. 2000. Industrial X-ray computed tomography applied to paleobotanical research. Rivista Italiana Di Paleontologia E Stratigrafia, 106: 369-377.

Pohl H, Wipfler B, Grimaldi D, et al. 2010. Reconstructing the anatomy of the 42- million-year-old fossil *Mengea tertiaria* (Insecta, Strepsiptera). Naturwissenschaften, 97: 855-859.

Rousseau D, Widiez T, Tommaso SD, et al. 2015 Fast virtual histology using X-ray in-line phase tomography: application to the 3D anatomy of maize developing seeds. Plant Mothods, 11(1): 55.

Rüegsegger P, Koller B, Müller R. 1996. A microtomographic system for the nondestructive evaluation of bone architecture. Calcif Tissue Int, 58: 24-29.

Sanchez S, Ahlberg PE, Trinajstic KM, et al. 2012. Three dimensional synchrotron virtual paleohistology: a new insight into the world of fossil bone microstructures. Microsc Microanal, 18(5): 1095-1105.

Sanchez S, Dupret V, Tafforeau P, et al. 2013. 3D microstructural architecture of muscle attachments in extant and fossil vertebrates revealed by synchrotron microtomography. PLoS ONE, 8(2): e56992.

Scheenen TW, Vergeldt FJ, Heemskerk AM, et al. 2007. Intact plant magnetic resonance imaging to study dynamics in long-distance sap flow and flow-conducting surface area. Plant Physiol, 144: 1157-1165.

Schneider JV, Rabenstein R, Wesenberg J, et al. 2018. Improved non-destructive 2D and 3D X-ray imaging of leaf venation. Plant Methods, 19; 14: 7. doi: 10.1186/s13007-018-0274-y. eCollection 2018.

Shearer T, Bradley RS, Hidalgo-Bastida LA, et al. 2016. Three-dimensional visualisation of soft biological structures by X-ray computed micro-tomography. J Cell Sci, 129(13): 2483-2492.

Shearer T, Rawson S, Castro SJ, et al. 2014. X-ray computed tomography of the anterior cruciate ligament and patellar tendon. Muscles Ligaments Tendons J, 4: 238-244.

Sombke A, Lipke E, Michalik P, et al. 2015. Potential and limitations of X-ray micro-computed tomography in arthropod neuroanatomy: a methodological and comparative survey. Journal of Comparative Neurology, 523(8): 1281-1295.

Staedler YM, Kreisberger T, Manafzadeh S, et al. 2018. Novel computed tomography-based tools reliably quantify plant reproductive investment. J Exp Bot, 69(3): 525-535.

Staedler YM, Masson D, Schönenberger J. 2013. Plant tissues in 3D via X-ray tomography: simple contrasting methods allow high resolution imaging. PLoS ONE, 8(9): e75295.

Steppe K, Cnudde V, Girard C, et al. 2004. Use of X-ray computed microtomography for non-invasive determination of wood anatomical characteristics. Journal of Structural Biology, 148: 11-21.

Stuppy WH, Maisano JA, Colbert MW, et al. 2003. Three-dimensional analysis of plant structure using high-resolution X-ray computed tomography. Trends Plant Sci, 8(1): 2-6.

Tafforeau P, Boistel R, Boller E, et al. 2006. Applications of X-ray synchrotron microtomography for non-destructive 3D studies of paleontological specimens. Applied Physics A Materials Science & Processing, 83: 195-202.

Takahashi M, Herendeen PS, Xiao X. 2017. Two early eudicot fossil flowers from the *Kamikitaba assemblage* (Coniacian, Late Cretaceous) in northeastern Japan. J Plant Res, 130: 809-826.

Teixeira-Costa L, Ceccantini GC. 2016. Aligning microtomography analysis with traditional anatomy for a 3D understanding of the host-parasite interface-*Phoradendron* spp. Case Study. Front Plant Sci, doi: 10.3389/fpls. 2016.01340. eCollection.

Ting VJ, Silcock P, Bremer PJ, et al. 2013. X-Ray Micro-computer tomographic method to visualize the microstructure of different apple cultivars. J Food Sci, 78(11): E1735- E1742.

Torrano-Silva BN, Ferreira SG, Oliveira MC. 2015. Unveiling privacy: Advances in microtomography of coralline algae. Micron, 72: 34-38.

van Camp J, Hubeau M, Van den Bulcke J, et al. 2018. Cambial pinning relates wood anatomy to ecophysiology in the African tropical tree Maesopsis eminii. Tree Physiol, 38(2): 232-242.

van den Bulcke J, Boone M, Van Acker J, et al. 2009. Three-dimensional X-Ray imaging and analysis of fungi on and in wood. Microsc Microanal, 15: 395-402.

van der Niet T, Zollikofer CP, León MS, et al. 2010. Three-dimensional geometric morphometrics for studying floral shape variation. Trends Plant Sci, 15: 423-426.

Verboven P, Herremans E, Borisjuk L, et al. 2013. Void space inside the developing seed of Brassica napus and the modelling of its function. New Phytologist, 199: 936-947.

Vickerton P, Jarvis J, Jeffery N. 2013. Concentration-dependent specimen shrinkage in iodine-enhanced microCT. J Anat, 223: 185-193.

von Balthazar M, Pedersen KR, Crane PR, et al. 2007. Potomacanthus lobatus gen.et sp nov., a new flower of probable Lauraceae from the Early Cretaceous (Early to Middle Albian) of eastern North America. American Journal of Botany, 94: 2041-2053.

Wang CN, Hsu HC, Wang CC, et al. 2015. Quantifying floral shape variation in 3D using microcomputed tomography: a case study of a hybrid line between actinomorphic and zygomorphic flowers. Front Plant Sci, 6: 724. doi: 10.3389/fpls.2015.00724.

Wang Z, Verboven P, Nicolai B. 2017. Contrast-enhanced 3D micro-CT of plant tissues using different impregnation technique. Plant Methods, 13: 105-120.

Wernersson EL, Brun A, Hendriks CLL. 2009. Segentation of wood fibres in 3D CT images using graph cuts. //Foggia P, Sansome C, Vento M. International Conference on Image Analysis and Processing. Berlin: Springer-Verlag: 92-102.

Yamauchi D, Tamaoki D, Hayami M, et al. 2012. Extracting tissue and cell Outlines of *Arabidopsis* seeds using refraction contrast X-ray CT at the spring-8 facility. International Workshop on X-Ray and Neutron Phase Imaging with Gratings, 1466: 237-242.

第三章 显微 CT 的基本操作与技巧

第一节 SkyScan1172 简介

本章以 Bruker 公司的 SkyScan1172 显微 CT 扫描机为例（图 3.1），介绍显微 CT 的使用。成套设备包括一个高电压电源的微焦距 X 射线球管、精准调控的样品台、一个连接抓帧器的二维 X 射线 CCD 相机，以及一个带有双处理器和 LCD 监控的电子计算机。该设备的分辨率最高达 0.5μm，可扫描样品最大尺寸 50mm×70mm，样品室可容纳样品最大尺寸 68mm×100mm。有三种不同直径的样品台：4mm、2cm、4cm。Skyscan1172 系统的 X 射线能量范围：20～100kV，最大束流 250μA，最大功率 10W。配有两种 X 射线照相机可供选择，一种是高性能的 1000 万像素照相机，另一种是经济型的 130 万像素照相机。X 射线源为密封微焦距球管。

图 3.1 SkyScan1172 显微 CT 扫描机（Bruker 公司）

第二节 样品制备和安装

显微 CT 的样品制备与其他方法如切片等相比非常简单，只需要将样品制成大小合适的样品块即可。

但安装样品是显微 CT 扫描非常重要的一环，需要注意以下问题。

1. 新鲜样品

对于新鲜的动植物样品，在进行高分辨率扫描时，一般扫描时间都较长，在扫描过程中样品容易失水变形，导致重构后的图像模糊。可以将样品经二氧化碳临界点干燥或冷冻干燥处理后再扫描；或者在扫描过程中将样品保湿，此时可以将样品的下部如花柄、叶柄等浸在聚丙烯薄管下部的水内，露出待扫描部分，样品周围用泡沫等材料填充，以固定样品（详见第二章第四节）。如果是动物肌肉等样品，可在样品管下部放水或固定液，将样品卡在样品管上部，静置一段时间，使管内的水分饱和，这样样品在扫描过程中处于湿润状态，减少失水变形。长时间扫描时，样品室的温度会超过30℃。

2. 样品相对静止

医用及活体显微 CT 一般在扫描过程中保持样品静止，放射源与相机旋转；离体型高分辨显微 CT 扫描时为样品旋转，而放射源与相机静止。样品的微小震动都会严重影响重构的图像质量。因此，扫描过程中要保持样品相对静止。安装样品时，需要用可塑性石蜡将样品牢固地粘在样品台上。但是由于显微 CT 扫描机内部有微风制冷，会导致样品的毛状物被风吹动，这时可以用保鲜膜等射线吸收率低的材料将样品包裹住，或者将样品固定在聚丙烯材料的薄管（如 EP 管）内，此时样品必须与管壁有足够的接触，以免样品晃动。再将管子用可塑石蜡固定在样品台上，这样就可以避免样品室内微风对表皮毛、纤维等的影响。图 3.2 为聚酯纤维经 CT 扫描后重构的横截面图，当将样品直接粘在样品台上扫描时，内部纤维被风吹动，重构后图片模糊；用保鲜膜将样品包裹后再扫描时，可以得到清晰的横截面图。

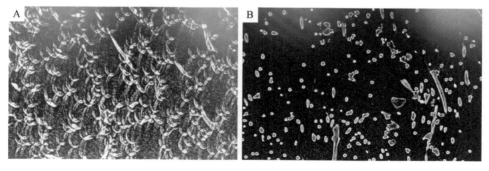

图 3.2　聚酯纤维经 CT 扫描后重构的横截面（王东提供样品）
A. 样品未包裹直接扫描；B. 样品包裹后扫描

3. 安装时样品尽量垂直

样品要处于样品台中心位置，这样能增加扫描时的分辨率。样品过于偏离中心可能会因为扫描旋转时超出视野范围而导致数据丢失。

4. 样品不超出视野

将样品在样品台上粘好后，要保证样品在扫描时一直在视野内，所以样品需要 180°或 360°旋转。因此，在可能的情况下将样品制成圆形有助于提高分辨率。一般直径 2mm 以内的样品（采用 offset 模式可以放大到约 4mm），可以达到最高分辨率 0.5μm，样品越大，可支持的最高分辨率越低。

第三节 样品扫描

第一次使用 X 射线或距上次使用超过 8h，打开 SkyScan1172 控制软件后，会出现预热提示对话框。2 周之内通常预热时间为 15～17min；2～8 周内，预热时间需 40min 左右；如超过 8 周未开机，则预热时间需要 2h。所以，如机器长时间不使用，为保护射线球管、延长射线球管使用寿命，最好每周开机预热一次。

预热之后，开启 X 射线球管会出现一个指示对话框（图 3.3），显示电压、电流值。一般高密度样品，增加电压，使用最大功率；而低密度样品，如根、茎、叶、

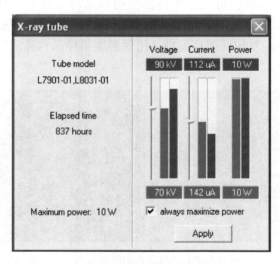

图 3.3　X 射线球管控制对话框

花等，需降低电压以提高样品的反差。样品安装完毕后就可以获取投射影像，既可以连续获取多张图像，又可以通过调节 X 射线投射设置来获取单个图像。图 3.3 中红色柱状为当前值，蓝色柱状为调整值。

Alignment 校正

机械修正样品旋转轴与射线源及检测器中心轴之间的角度和位移偏离。校准后的机械误差在重建时由 NRecon 软件微调。

此命令处于保护状态，只有按下"CTRL+ALT+SHIFT+S"时才被激活，再按一次该组合键则可重新锁定此功能。使用随机器配送的校正针进行系统校正，需要分别在 2K 模式的最低放大倍数和 2μm 分辨率下进行，最低倍数用于调节相机位置，而 2μm 分辨率用于调整样品台位置以确保校正针在旋转过程中全部处于视野中。

最大的样品台可容纳直径 2cm 以上的样品，而为了使较小样品达到最高分辨率，可使用直径为 4mm 左右的样品台。当需要增加放大倍数时，样品台会向射线管方向移动，为保证射线球管不会因碰到样品而损坏，可对图像大小和摄像机设置进行调节，扫描前需要先检查样品位置。可用"可视相机（visual camera）"来观察样品台位置，确认样品与 X 射线光源间的距离是否得当，以避免物体旋转过程中损坏 X 射线球管。样品在舱内的位置可以通过窗口底端的状态栏来控制（图 3.4）。

图 3.4　像素调节等状态栏

状态栏中最左边带滑块的区域可以通过调节像素大小来调节 X 射线影像的放大倍数。第二个区域定义样品的角坐标，而第三个区域中的两个按钮可以毫米为单位使物体向上或向下移动。最低位置为 0mm，而最高位置是 50mm。点击此区域，在"Object position"对话框中就可以更改垂直位置、放大倍数和角坐标等数值。

状态栏中的下一个区域表示当前照相机的分辨率。所有像素都使用的时候分辨率最高（4000×2664），中分辨率表示像素以 2×2 的方式联合在一起（2000×1332），同样，一个 1000×666 的图像矩阵是由像素以 4×4 的方式联合在一起而获得的。因此，若用较多像素矩阵来获取 X 射线投射影像，则扫描时间会相应增加。点击此区域，在弹出的菜单中可以更改设置。分辨率范围三种模式有重叠，在相同分辨率情况下图像质量相同，视野大小不同。可以根据样品特点选用合适的模式，在不影响图像质量的前提下减少扫描时间。相机的位置几何学自动适应：根据放大倍率的不同设置（像素分辨率大小），仪器会自动匹配不同的相机位置（远、中、近），起到减少扫描时间的作用（图3.5）。样品离射线源越近、离相机越远，分辨率越高。

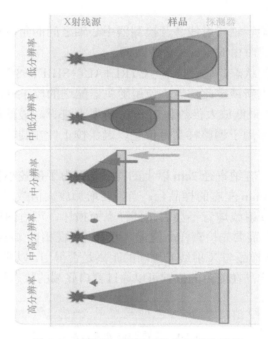

图3.5　射线源、相机和样品相对位置图

状态栏中的再下一个区域显示扫描期间或其他操作时的状态信息。点击此区域可以启动图像获取周期。右端倒数第二个区域显示使用的过滤器，或点击时显示大约的扫描时间。扫描期间，此项将交替显示所选择的过滤器和扫描所剩时间。右端最后一个区域显示相机位置 near/mid/far。

平暗场校正

每次开机后需要做一次暗场校正，同一扫描模式（即同一分辨率和电压）需要做一次平场校正。视野内无物体时扫一张图，如平场校正过期，则受环境影响有亮或暗的点或线，图像亮度不对称，比如一侧比另一侧亮、图像整体过亮或过暗。做平场校正时，需要把样品移出视野，如把 z 轴设为 0 样品仍然移不出视野，需要打开机器门，拿出样品后再做平场校正。做完平场校正，需要等射线源打开 5～10min，以使射线稳定，如图像亮度左右不对称意味着射线源仍不稳定。

在经过平场校正的图像中右击图像查看射线透过量，最大射线透过量（max）

不能超过100%，否则易损坏射线球管。空白处平均射线透过量（av）以91%左右为最佳。样品处最小射线透过量（min）以20%~40%为佳，这样得到的重构图片反差最好。

扫描模式包括三个参数：分辨率水平（高像素4K/中像素2K/低像素1K）、过滤器（无过滤器/0.5mm 铝/铜+铝）、相机位置（近/中/远），其中，相机位置是通过使用者选择的像素大小或分辨率自动设置的。

过滤器的选择

当样品被放置在适当的位置后，很重要的一项是选择最佳的过滤器（图3.6）。过滤器要放在照相机前，这样是为了改变照相机对不同能量X射线的敏感度。No filter一项是特别为X射线吸收率比较低的样品设置的，即那些成分由原子序数较低的元素构成的样品。过滤器用于阻隔低能量X射线辐射，从而减少由高密度物质的非线性X射线吸收引起的"光束增强（beam hardening）"现象。这种现象的成因是高密度物质的表面对于样品其他部分来说就相当于一个X射线过滤器，低能量的X射线在物体表面首先被吸收，剩下较高能量的X射线则穿过样品内部，这就减少了样品的内部信息，而重构的密度分布则相应出现误差。也就是说，重构出来的物体表面的密度比真实值要大，而内部密度则比真实值要小。但金属过滤器在阻隔部分X射线的同时，到达感应器的光子数目也会减少，这就意味着需要增加扫描曝光时间。过滤器一般由不同厚度的铜或铝制成。

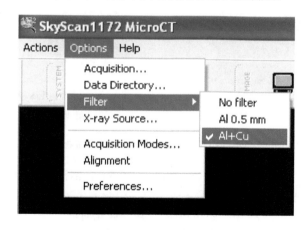

图3.6　过滤器的选择

高密度物质如种子、木材、岩石、化石、骨头等需要过滤器（小的种子和小块木材可以不用），而大多数的植物样品都无须过滤器。

图3.7为扫描泡沫铝时，使用不同过滤器在不同电压下的效果比较。

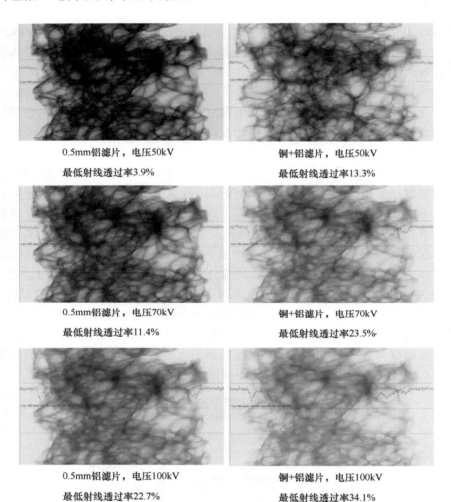

0.5mm铝滤片，电压50kV
最低射线透过率3.9%

铜+铝滤片，电压50kV
最低射线透过率13.3%

0.5mm铝滤片，电压70kV
最低射线透过率11.4%

铜+铝滤片，电压70kV
最低射线透过率23.5%

0.5mm铝滤片，电压100kV
最低射线透过率22.7%

铜+铝滤片，电压100kV
最低射线透过率34.1%

图3.7　不同电压和过滤器的泡沫铝扫描效果比较

上述图像中，铜+铝滤片、电压70kV和0.5mm铝滤片、电压100kV两种条件相对都比较合适。

除调节电压、过滤器外，还可以通过调节曝光时间，调节图像亮度及射线透过率。图3.8提供了对应于所有过滤器、分辨率和相机位置的曝光时间，箭头所指为相机当前位置。此命令处于保护状态，只有按下"CTRL+ALT+SHIFT+S"时才被激活，再按一次该组合键则可重新锁定此功能。

过大样品扫描：菜单Action>Set Oversize Scan设置，如样品过高，超出扫描视野，可选该选项。两个或多于两个的扫描设置好后可自动进行，并在重构时将图片拼接在一起。如一次扫描垂直方向的多个样品，重构时不拼接，即为批量扫描。

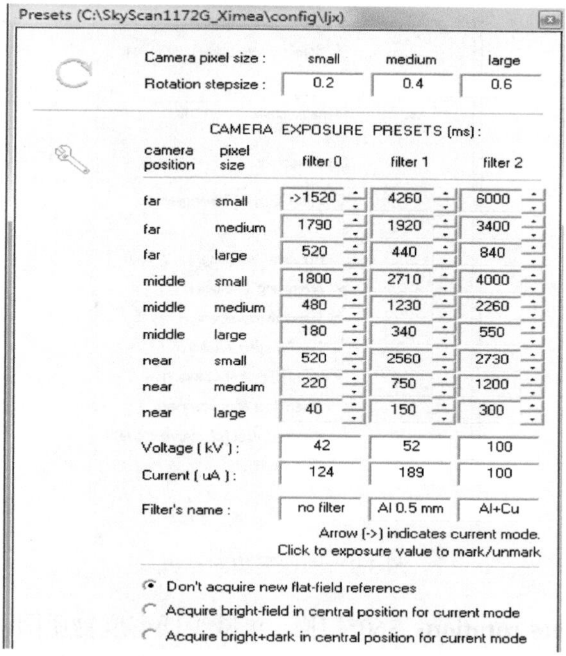

图 3.8　图像采集参数设置（电流、电压、曝光时间等调节）

图 3.8 中参数调节好后，扫描前点击 Acquisition，该对话框是定义图像获取参数和扫描前后的一些选项（图 3.9）：

Rotation step：样品旋转步长。高分辨率步长 0.2~0.4°，中分辨率步长 0.4~0.5°，低分辨率步长 0.5~0.7°，但有时为减少数据量、加快扫描速度，低分辨率时步长可以达到 1~2°。低密度、高细节的样品（如碳纤维），优先用小的旋转步长提高信噪比。旋转步长过大，图像边角处质量降低；旋转步长过小，会增加扫描时间和数据量。

Averaging：每个角度拍摄的图片数量。通过把每个角度的多个影像加权平均输出为一个图像来提高图像质量。提高平均帧数将提高图像质量，但会延长扫描时间。一般高密度、低细节的样品，优先增加平均帧数以提高信噪比。

Random movement：随机运动。此选项可降低重构截面的环形赝象，但同样会增加扫描时间，尤其在低放大倍数时。样品密度大、有环形伪影时选此项，但在扫描较重样品、含液体样品、粉末或软性样品时不推荐选此项。

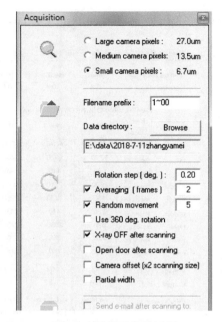

图 3.9　图像采集对话框

Use 360 degrees rotation：360°扫描。可减少低密度物质围绕高密度物质的样品所产生的不对称赝象。所以高密度物质周围有低密度物质，结构非常复杂的样品可以选用 360°扫描，但此项会增加将近 2 倍的扫描时间。如不选此项，默认为 180°扫描。

X-ray OFF after scanning：图像获取结束后自动关闭 X 射线球管。

Open specimen after scanning：扫描程序结束后自动开启样品舱。

Camera Offset：两倍视野扫描。如样品过宽，超出视野，可使用两倍视野扫描，实现两次图像获取周期，扩大水平视野；但会增加一倍的扫描时间，文件大小也会增加一倍。两次扫描后，在不同位置获取的两组投射影像会以设定的角度组合在一起，成为较宽的投射影像。

Partial width：部分扫描。如果样品宽度只占视野中的一小部分可选此项，以减少数据量。

"Acquisition"对话框中最后部分显示，根据上面所选设置估计的扫描时间及本次扫描样品视野的高度。

检查好所有参数后，图像获取程序就可以启动了。扫描程序指示会在状态栏中，或"Scanning progress"对话框中显示。要注意的是，在扫描进行过程中，按工具栏里的"Acquisition"会终止程序,还可以通过"Scanning progress"对话框中的"Abort"键来终止程序。状态栏右端会显示扫描所剩时间,还可以在"Scanning progress"对话框中看到。

第四节 NRecon 软件——重构断层图片

扫描系统获取样品一系列 X 射线投影图后,需要重构断层图片。重构方法一般有迭代法和 FDK 锥状束重建法。迭代法虽然更准确,但是对高分辨的大量数据不适合,所以 NRecon 软件采用 FDK 方法。软件在 32 位或 64 位 Windows 操作系统下进行。

热偏移校正:当发射 X 射线时,微焦点 X 射线源中的 X 射线斑点会有微小的不规则热运动(图 3.10),当扫描时间较长时,这种热运动的幅度会比较大。这种热运动会导致投影图像位移,在高分辨扫描时,这种位移会更明显。这可以在重构时校正,扫描结束后,系统会以一定步长的旋转角度再扫描几张图片以用于校正,扩展名为.iif。

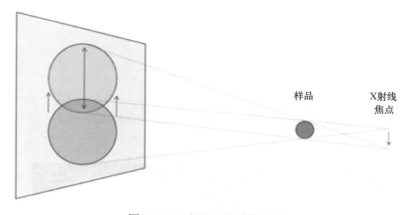

图 3.10 X 射线斑点的热运动

校正界面如图 3.11 所示:水平和垂直方向最大偏移像素值默认为 20;如实际偏差大于 20,也可手动修改。点 Match,则系统自动计算偏移;如觉得计算后的值不正确,也可通过键盘手动修改。

图 3.12 为牙签热偏移校正前后对比,分辨率 0.5μm,热校正前图像有重影,校正后重影消失、图片清晰。

重构断层图片时,通常先重构一个截面,根据重构效果修改相应的参数设置,一般可对图 3.13 中的参数进行设置。

Smoothing：平滑。降低重构截面的噪声并使边缘平滑，但可能会导致精细结构模糊，可根据实验要求选择合适参数。

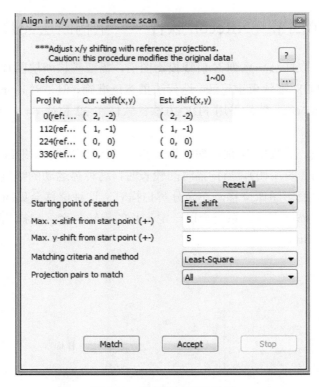

图 3.11　热偏移校正对话框

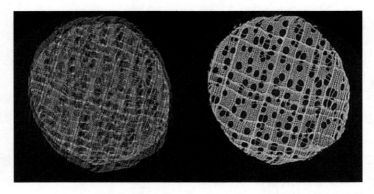

图 3.12　热偏移校正前（左）后（右）牙签横切面图片比较

Scales：在截面图上加标尺。如勾选该项，生成三维立体图的表面皆有标尺，不利于观察内部结构。如果需要生成三维立体图，建议此时保存一张加标尺的图片即可。

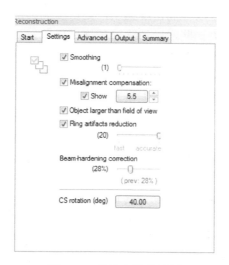

图 3.13　重构参数的设置

Misaligment compensate（post-alignment）：错配补偿。补偿 Alignment 校正中的机械误差，对扫描过程中可能产生的校正遗漏进行补救。该参数非常重要，是重构时调整的重要参数，补偿错误会导致图像拖尾、重影或模糊。程序会自动修正系统，并在重构过程中提出建议计算值，建议值可以确认或更改。

Object larger than field of view：在样品大于视野范围时选此项。如果选该选项，所得截面只有形态学方面的信息是比较可靠的，其密度等方面的数据很可能受重组区域以外部分的影响而产生误差。

Ring artifact reduction：密度大的样品如金属等重构图片易有环形伪影，选此项用于自动降低重组截面上的环形干扰。若样品为对称形状，该选项可以减少环形伪影；而对于不对称的样品，在扫描时选中 Random movement（见上一节）亦可减少环形伪影。但此项值校正过度时易出现负环。环形伪影是 CT 图像的一种典型伪影，在投影图中一般表现为沿角度方向的明暗线条，而在 CT 断层图像中表现为圆环形状的伪影。造成环形伪影的原因是探测器校正偏差、闪烁体缺陷甚至吸附灰尘等因素（Titanrenko et al.，2009）。环形伪影会严重影响细节的识别，一般选用可响应一致性校正高性能的探测器来减少环形伪影的产生，部分 CT 装置还会通过特殊投影系统来抑制环形伪影，但目前去环形伪影的主要手段仍是图像的滤波处理。

Beam hardening correction：射线束硬化校正。因部分低能量 X 光子不能穿透样品导致样品的外部密度偏高而内部密度偏低的现象，通过该参数调整可以修正此误差。如材料中有金属等高密度物质，则密度高的部分非常亮，像光束的尾巴，此时可将该项值调大一些，以消除这种拖尾现象。如调整过度，会导致边缘密度偏低而中央密度偏高。射线束硬化是 CT 图像的另一种典型伪影。对 CT 图像来说，希望采用单色窄束 X 射线进行照射。但实际上 CT 成像中 X 射线能量为连续谱，在射线穿透样品过程中，低能量光子比高能量光子更容易被材料所吸收，这样会导致 X 射线平均波长变短，同时平均能量增大，即射线束硬化效应（Koubar et al.，2015）。射线束硬化会引起测量数据不一致，使圆柱中心部位呈现较低的衰减系数或 CT 值，在断层图像中表现边界灰度高于中心灰度。射线束硬化需要通过预先滤波法、双能量法或数据软件校正法进行校正。

CS rotation（角度调整）：平面旋转调整横截面图片到一个合适的角度以便于观察。该调整不影响图像质量，可以手动调节，也可以使用默认值。如果想要图像重新定位，先预览，然后在预览图中画一条线至希望调整到的水平位置。

Cross Section（范围选择）：此项用于调节重构数据范围（图 3.14 中红线之间的黄色区间），两条红线表示当前最高点和最低点，绿线代表当前预览截面所在的位置。

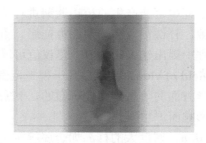

图 3.14　重构数据范围调节

Parameter fine-tuning（精确调节）：有几个参数需要手动调节以选取最佳参数，这需要较长的时间。而精确调节通过一系列参数的预览简化了这个步骤（图 3.15），是 NRecon 重构软件中一项非常好用的功能。可以一次调节一个参数，固定其他参数。这种方式一共可以调节四个参数：Post-alignment（后校正）、Beam hardening correction（束硬化校正）、Ring artifact reduction（环形伪影校正）、Smoothing（平滑）。每个参数调节好后，可以通过工具栏上的黑色实心箭头滚动查看。

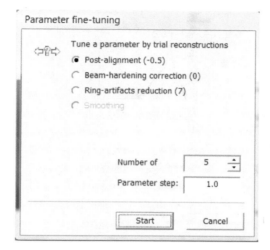

图 3.15 重构参数的半自动筛选调节

明暗度直方图：通过图 3.16 的柱状图调节重构图片的明暗度，把重组结果转化为灰度色标图像。以输出 8 位图像为例，图中左侧红线表示灰度最小值 0（空气密度），右侧红线表示当前输出灰度最大值。通过该图只能预览一张横截面图，所以如果是非均匀样品，需要选择样品高密度部分预览，否则这部分可能被丢掉。直方图可以是线性或对数形式，在直方图上双击鼠标左键可以切换。图像明暗度有三种方式可以调节：用鼠标直接拖动两条线；手动改变数值；按 Auto 按钮得到默认范围。其中，默认范围由经验确定，一般最大值为预览图片最大值的 110%～120%，最小值为预览图片最小值 0 后的第一个小波谷前，这样可以去掉一部分噪声。如果担心去噪声会丢失细节，则通常最小值选 0。

In HU：选上该项则由绝对值（衰减系数）变为 HU（Hounsfield unit，CT 测量密度的计量单位），该选项可以进行 HU 校准。在预览页，按住 Ctrl 键同时按鼠标右键，在图像中 HU 值已知的位置画 ROI（感兴趣区域），如水的 HU 为零。释放鼠标右键后弹出一个窗口（图 3.17），输入这个区域已知的校准 HU，点击"OK"，此时所有 CrossSection>Image 对话框内的密度信息及当前密度测量值都将以 HU 值的形式显示。

重构 ROI：选择重构的感兴趣区域，可减少重构的数据量，加快重构速度。可选择正方形、长方形、圆形，使用鼠标左键可移动或改变 ROI 大小。

批处理：可输入计划的工作列表，如输入了批处理文件，可在开启 NRecon 软件后自动开始。把一项工作加到列表中：载入数据、调整参数。点击 Start batch 后开始批处理（图 3.18）。如果一个条目出错（出错信息保存为系统目录下的

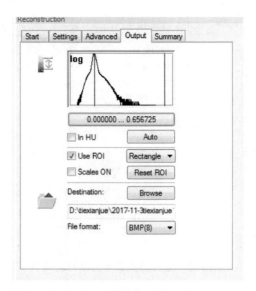

图 3.16　重构参数的输出调节

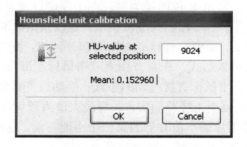

图 3.17　HU 校准

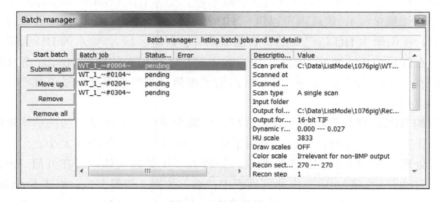

图 3.18　批处理管理

NRecon_error.log 文件），可用鼠标左键选择后点击 Submit again 再次提交。查看批处理细节，点击内容，之后可以双击鼠标修改参数（有些参数不能修改，比如数据库或输出位置）。

第五节　图像分析-Dataviewer 软件

Dataviewer 软件是用于显示重构后截面的后处理软件，通过鼠标操作或自动演示断面图像，控制断面分析的区域，调节图像颜色。此外，该软件还可以进行简单的二维和三维分析。

图 3.19 为 Dataviewer 软件界面。

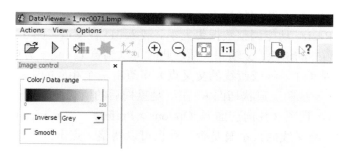

图 3.19　Dataviewer 软件初始界面

打开数据集：有多种方式可以打开数据集：

（1）直接把重构文件拖进 Dataviewer 图标或运行着的 Dataviewer 程序中。

（2）打开 Dataviewer 软件，通过菜单中的"Open…"选项；或者工具栏中的 图标，点击后弹出一个窗口，使用"Resize"功能可将大数据集缩小打开；如果打开一个以前打开过的数据集，可以通过菜单中的"Open recent…"功能。

（3）也可以通过其他 SkyScan 软件打开数据集，如通过 NRecon。同一台计算机可以打开多个 Dataviewer 软件。

打开数据集的更多信息，如像素大小、重构参数等，可以点击工具栏的 查看。

图像自动演示：点击工具栏▷可以自动播放横截面图像。

灰度颜色调色板：黑色代表零像素，白色代表 255 像素，即黑色代表对 X 射线的吸收，颜色越深，对 X 射线的吸收越多。

色彩调节：调色板下拉列表可以反转颜色或虚拟调色板，适用于所有显示在程序窗口中央部分的虚拟切片，但不包括下部的投影图。通过拖动颜色窗口中的红线（点击后变成绿色）可以改变颜色，类似于调节亮度或对比度。使用下拉菜单选择颜色表：original、grey、color 1、color 2、black body、binary 和 gamma。当选择"original"时不能调节颜色。选择"inverse"框时，相应的颜色反转。

Smooth：选择该选项时，只显示出平滑效果，不改变原始数据。虽然可以应用到三视图，但不是真正的 3D 平滑。

投影图上的红线指示横截面的位置，Z 滑块下的数字代表横截面编号，通过上下移动滑块可以查看不同的横截面。工具栏上的按钮 ▶ 可以播放不同的横截面切换动画，⊕ 放大，⊖ 缩小，▣ 实际大小，▢ 窗口大小；或者通过键盘上的快捷键，如放大（+）、缩小（−）、实际大小（=）、窗口大小（*）。

3D 视图：以 2D 模式载入数据集后，点击 ▦ 即可通过三个正交平面载入 3D 视图。在 3D 模式，整个数据集都需要载入内存。显示大数据集的 3D 图像非常慢，此时可以通过 Resize 功能调整数据集大小。载入 3D 视图后（图 3.20），控制窗口会显示出两个额外的滑块：x 轴和 y 轴，此时可以浏览 x、y、z 方向的所有图像。在每个 3D 位置（红、绿或蓝线的交叉点）可查看三个相应的正交视图，上部是沿绿线切割的 x-z 视图（冠状切面），左下是重构后的横切面即 x-y 视图，右下是沿蓝线切割的 y-z 视图（径向切面）。Options > Preferences at viewing 可以选择需要显示的切面，交叉线的大小及是否可视也可以调整。点击三个图中的任意一点可以查看该点的三个正交平面。

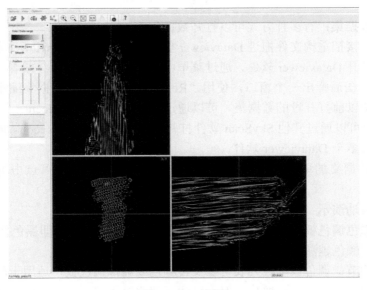

图 3.20　3D 视图

通过菜单 View > Navigate to...窗口可以输入 x、y、z 坐标（图 3.21），或通过快捷键 Ctrl+N 查看该点的视图。

3D 导航：可以通过 3D 导航查看 3D 视图，通过工具栏 激活，这种视图更为直接（图 3.22），可以帮助理解主窗口中的相对位置。通过鼠标滚轮可以直接改变 3D 导航窗口图像的大小。红色框代表横切面即 x-y 视图，绿色框代表冠状切面即 x-z 视图，蓝色代表径向切面即 y-z 视图。鼠标右键可以旋转整个结构。有三个预设方向，背景颜色可更改。显示的图像可储存为 .bmp 或 .jpg 颜色文件。

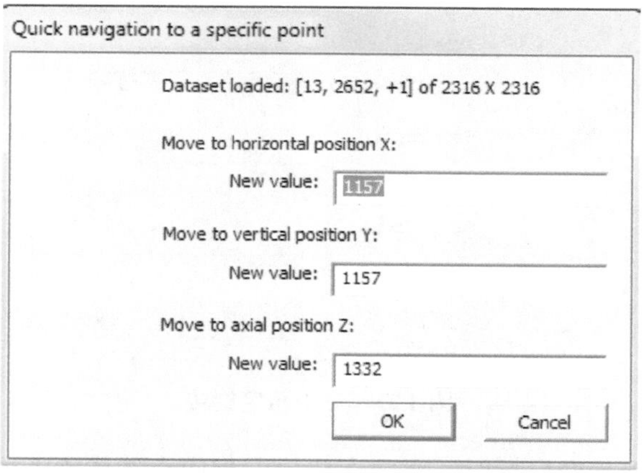

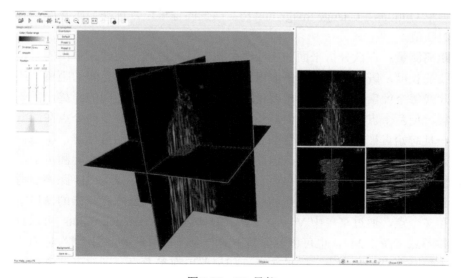

图 3.21　3D 视图中心点坐标的快速导航

图 3.22　3D 导航

数据集重新定位：有时需要在不同方向观察或分析数据，这可以通过扫描前将样品调至合适位置，但有时做不到或者减低了图像质量。因此，DataViewer 提供了重构后的数据集的三维自由旋转功能，按下 **Ctrl** 键同时点击按住鼠标左键即可旋转。之后提示需要存储临时数据，点"OK"即可（图 3.23）。也可以通过菜单 View > Rotate 调整角度，或者返回到初始角度。

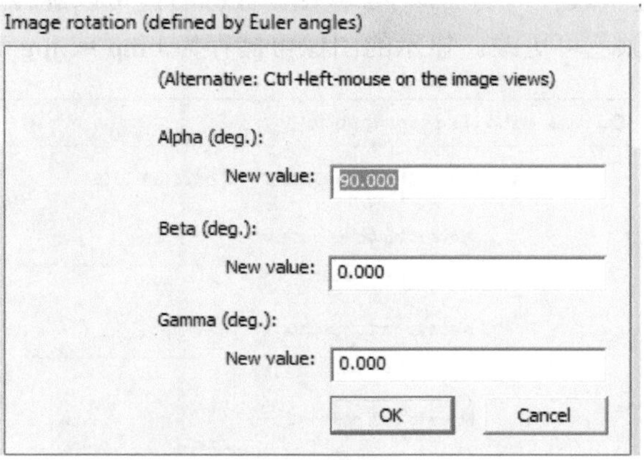

图 3.23　三维角度旋转

密度分析：当移动鼠标时，在状态栏显示相应点的像素灰度值。像素值可以用不同的单位显示：储存在原始文件中的灰度值，校正后的 HU 值，衰减系数。通过菜单 Options > Change image unit to…改变图像单位，选择显示灰度、衰减系数或 HU 值。

距离测量：在欲分析平面的相应部位按鼠标右键画一条线，弹出的对话框会显示线的长度，既可以测一个平面内的距离，也可以测切片之间的距离，还会显示沿此线每个像素的灰度值。想要检测不同平面间两个点之间的距离，需要旋转数据集，使两个点在同一平面内。还可以通过交叉点的方法使两个点在同一平面内：一旦起始点被初始化或重置到当前交叉线的位置，移动鼠标时，状态栏会显示起始点和交叉点之间的距离，但此时两点间没有可见的线。实际测量中，先把起始点设在交叉线位置，然后点击工具栏 将目前位置记录为 3D 距离参考点，然后交叉线设在终止点。起始点和终止点之间的距离则显示在弹出的窗口中，可以保存多个点。通过菜单中 View > View 3D-distance reference points 可以查看以前的参考点（图 3.24），也可以删除其中的一个。目前参考点用"*"标明。表中列出了每一个点和参考点之间的距离；如果要更换参考点，则双击这个点。

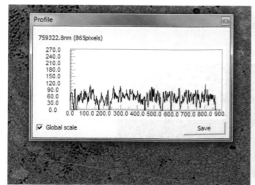 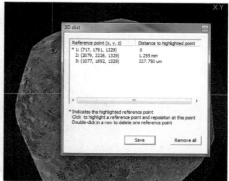

图 3.24　三维距离测量

第六节　CTvox 软件——图像分析

CTvox 软件提供了一个虚拟的三维浏览环境，能进行各种 CT 扫描图像的三维演示。CTvox 运行的性能，取决于图像显卡，所以计算机配置建议至少 1GB 内存的显卡，不低于 1024×800 的屏幕分辨率。

打开数据集： 可以选择 Actions 菜单下的 Load Volume Data，或点击工具栏中的 📂 图标，同样，拖放一个数据集文件到 CTvox 程序上也可以启动程序并加载数据集。

在加载数据集窗口的右侧，提供了多个选项来调节数据集：减少在各个方向的数据集大小（Resize by）；只加载数据集的中间部分（Load central XY, Load central Z）。

无论加载切片方向（XY）还是 Z 方向的数据集，在左上角 Transfer Function 区域将显示数据直方图，最好使用对数刻度显示直方图，在 Transfer Function 窗口点击鼠标右键并选择 Log-scaled Histogram。

透明度调节： 在 Transfer Function 中可激活 Opacity 通道（图 3.25），调节曲线来改变透明度，以达到观察要求。在通道的线上点击左键，可以增加一个新的调节点。鼠标左键点击标记并按住左键拖动鼠标，即可实现曲线的变化。在右键菜单中，可以重置当前或所有曲线、删除标记等。此外，鼠标左键双击标记，或者把标记拖到绘图区外，均可删除标记。

裁切： 通常情况下，数据集可能包含标尺和文字信息，这可能将要观察的物体遮住，删除这些信息有如下方法。

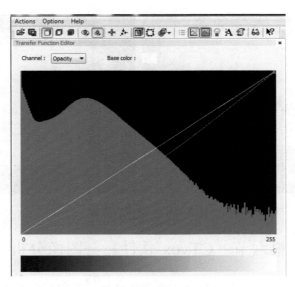

图 3.25　透明度调节

（1）物体外的线框就是一个裁剪框，可以选择性地裁切掉不需要的部分（点击工具栏中的 ▣ 按钮来隐藏和显示线框）。

（2）如果有必要，可以使用鼠标右键来旋转三维模型，以便于操作物体的裁切框。

（3）用鼠标左键点击线框，并按住 Shift 键，这时，操作的线框由紫色变为黄色，通过拖动鼠标来裁切三维模型；释放鼠标后，操作的线框由黄色变为紫色。

导航控制：导航场景存在两种模式。

▣ 目标移动：三维模型的移动和旋转分别由鼠标左键和右键控制实现，鼠标滚轮可以实现三维模型的缩放。

▣ 相机移动：左键控制移动相机距离，右键可以旋转相机，鼠标滚轮可前后移动相机。

表 3.1 总结了导航控制时的快捷键操作。

在按住 Shift 键的同时，按住鼠标左键并移动，可以选择裁剪框平面来实现对三维模型的裁剪。在按住 Ctrl 键的同时，按住鼠标左键并移动，只移动裁剪框。在成像窗口双击鼠标任意键，可以切换运动模式。精确的运动控制，可选 Actions 菜单中的 Movement>Numeric...命令。如复位相机，可以选择 Actions>Movement>Reset Camera，或点击工具栏的 ▣。如复位物体，可以选择 Actions>Movement>Reset Object，或点击工具栏的 ▣。

表 3.1　导航控制的快捷键功能

鼠标操作	物体运动	相机运动
按下左键	物体平移	相机观察角度
左键+Ctrl	只裁剪框平移	裁剪框平移
左键+Shift	选择裁剪平面	选择裁剪平面
中键 [+Ctrl]	裁剪框外平移	相机向前/向后
按下右键	物体旋转	相机旋转
右键+Ctrl	裁剪框旋转	裁剪框旋转
鼠标滚轮	相机向前/向后	相机向前/向后
双击	切换互动模式	切换互动模式

体积渲染：由红、绿、蓝（RGB）三元色和透明度（opacity）决定，CTvox 窗口左侧显示一个依赖于原始体积数据绘制的传递函数（图 3.26），横轴代表原来的标量数据（X 射线衰减），纵轴表示传递函数的元件（红、绿、蓝、亮度、透明度）。改变不透明度可以使整个模型结构看起来更清晰，如果不透明度设为 0（完全透明），整个模型实际存在，但不可见。颜色通道可统一调节（L），此时获取的是灰度图像，只有单独调节 RGB 通道，才可引入色彩。

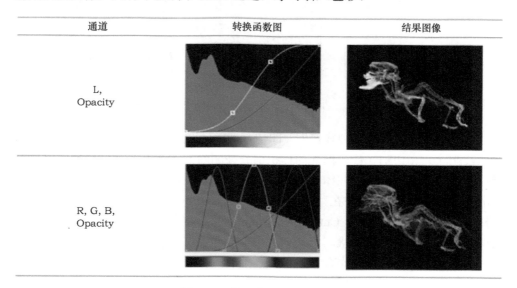

图 3.26　体积渲染的调节效果

启动后，图像显示模式分为三种。

Volume（体积模式）：一般默认的显示模式，此模式也可以通过菜单 Actions>

Blending>Volume 选择，或者在工具栏点击按钮▣。

Attenuation（衰减系数）：此模式相当于重建一个沿着当前观察方向照射的数字型 X 光片。可通过菜单 Actions>Blending>Attenuation 选择，或者在工具栏点击按钮▣。

Maximum Intensity Projection（最大强度投影）：对于每条射线打在屏幕上，只有沿着射线方向高强度的体素被保留下来，因此，这种模式下，突出显示的是最大强度的结构。可在菜单 Actions>Blending>MIP 选择，或者在工具栏点击按钮▣.。

点击 Option>View Options…，左下角可以设置场景背景和相机的视角等参数，场景显示的背景可以指定三种模式：Color fill，指定背景的填充色，在此种情况下，相机的位置不受约束；Color cube，指定一个立方体，颜色基于用户指定的方案，与背景略有变化，在此种模式下，相机的运动是有限的，不能超出立方体；Image cube，背景可以是一张图片，在此种模式下，相机运动仍有限。

三种背景类型效果如图 3.27 所示。

图 3.27 三种背景效果图

此外，CTvox 提供两种裁剪框，即切割/裁剪，它支持裁剪（裁剪框内的体积部分被删除）和切割（裁剪框外的体积部分被删除）。此外，有多种形状可供选择，如立方体、球体、圆柱体、楔形及棱柱体。要显示或隐藏切割/裁剪形状框，点击工具栏中的▣ 按钮并在菜单中选择 Show Cutting>Clipping Shape。可以通过选择 No Cutting/Clipping、Cutting 或 Clipping 来指定裁切模式，其下面的几个选项可以改变裁切的几何形状。

同样，切割和裁剪操作有许多相似之处。

（1）按住 Alt 键，同时按住并移动鼠标左右键，可以平移和旋转切割框（在裁剪模式中是按住 Ctrl 键）。

（2）按住 Shift 和 Alt 键，并移动鼠标左键，可以缩放剪切框形状（裁剪的时候，是用 Shift+Ctrl 搭配鼠标左键）。

图 3.28 展示了切割的各种形状。

图 3.28　切割形状示例

照明和阴影

CTvox 软件提供了灯光效果，这能提供更真实的立体深度感，并加强小尺寸结构所产生的图像真实感。要显示或隐藏照明对话框，选择 Options>Lighting 命令或者点击工具栏的 按钮。

有两种照明效果类型可供选择。

阴影：这种效果给图像增加了阴影（考虑了从光源到物体光的衰减），大大提高了深度感和逼真的视觉效果。

表面照明：这种效果强调物体的局部结构和粗糙度（建模的光线反射），突出了物体表面材料的外貌。

显示和隐藏光源的位置，点击 按钮切换物体或相机移动到光源移动，此时，鼠标右键可以调节光源的位置和方向，按下 按钮可以复位刚才对光源位置的改变。

Lighting 栏中，Shadows 滑块控制阴影的强度，可以使用颜色选择器改变颜色，通过调节 RGB 通道也可以改变颜色。材料的性能决定物体的外观。当使用表面照明时，材料颜色可以使用颜色选择器或者调节 RGB 通道来设置和改变。另一些滑块实现对物体的其他光照效果：Emission（放射）、Diffuse（漫射）、Specular（漫反射）。

对材料的渲染等设置可以保存，在以后使用的时候载入即可。点击复位可以把各参数恢复到默认值。

图 3.29 的图像展示了各种灯光效果。

创建三维动画

选择 Actions>Flight Recorder 命令或点击工具栏中的 按钮，创作三维动画。基本原则是在场景中插入关键帧，然后在两个关键帧之间自动插入指定的帧数；这样可以很容易地完成三维动画的制作。

表 3.2 为各个按钮的功能。

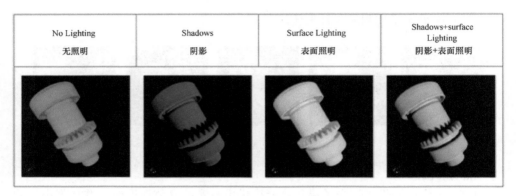

图 3.29　各种灯光效果图

表 3.2　创建三维动画各按钮功能

|<	显示上一个关键帧
<<	向回播放关键帧
|>	开始预览
||	暂时预览
>>	向前播放关键帧
>|	显示下一个关键帧

点击 Flight Recorder 对话框下面的"Hide clipping box"选项可以在创建的三维动画中去掉裁剪框。准备就绪后，可以点击保存动画，输出文件可以是 AVI 文件，也可以是一系列图片文件（BMP、JPG 或 PNG）。其他时候，也可以通过选择 Actions 中的 Save Image... 命令，或者点击工具栏中的 按钮来保存当前屏幕图像为 BMP、JPG 或 PNG 格式。CTvox 提供了立体观看模式，可以在 Options 中选择 Stereo Mode 命令或者点击工具栏中的 按钮来观看。

第七节　图像分析-CTAn 软件

CTAn 软件（CT-analyser）利用 SkyScan Micro CT 扫描所得的数据图像集，分析得到定量参数和构建三维模型。该软件可以精确且详细地对扫描数据集进行形态和密度测量研究，强大、灵活且可编程的图像处理工具允许大范围地进行图像切割、图像增强及分析测量，还包括各种感兴趣体积选择工具。

1. CTAn 支持的文件

程序支持三种类型的文件（BMP、JPG、TIFF），但这三种类型并不都能进行分析。

（1）BMP 文件：所有 bmp 类型的文件均可打开查看，但只有 1 位（单色）和 8 位的图像才能用于分析。

（2）JPG 文件：所有 jpg 类型的文件均可打开查看，但只有 8 位（灰色）的图像能用于分析。

（3）TIFF 文件：程序只支持查看和分析 SkyScan 设备及软件产生的 8 位和 16 位图像。

彩色图像：CTAn 可以打开 RGB 格式的 BMP 或 JPG 图像，但是不能执行分析功能，须转换为灰度格式图像，才可以进行分析。

不同位深度的图像：在打开 16 位的 TIFF 图像时，CTAn 会出现转换 16 位图像到 8 位图像对话框，根据直方图的亮度选择转变成 8 位图像的灰度范围，并提供预览。

定位每个图像文件都需要一定时间，因此当打开较大数据集或者从网络驱动器打开数据集文件时，得花费较长时间，如果本地硬盘有足够大的空间，可以通过激活缓存选项来减少定位文件时间。激活此选项后，原始文件将在缓存区建立相应的临时文件，以后 CTAn 调用此文件时，会到缓存空间调用临时文件，而不是每次都浪费时间去调用原档。要激活该选项，点击 File>Preference，在 Advanced 标签页中选择激活 Cache images。

备注：最新版本软件打开的图像已不限于以上几种，而且打开后可以直接分析。

2. CTAn 中打开数据集的方法

CTAn 中有几种方法加载和打开数据图像文件。

（1）拖放一个数据图像文件到 CTAn 程序的快捷方式，此操作将打开一个 CTAn 程序实例并自动载入所有相关数据图像。

（2）拖放一个数据图像文件到一个已经打开的 CTAn 实例窗口部分，此操作将打开此拖放的图像数据集，并取代任何已经打开的数据图像集，因为一个 CTAn 实例只能同时打开一个数据图像集。

（3）在命令行中指定完整的路径和数据集。这种模式一般用于程序调用或文件批处理。此操作将打开一个 CTAn 程序实例并自动打开指定的数据集。

（4）在 CTAn 程序中使用 Open 菜单打开数据图像集。

在打开的对话框中除标准功能外，CTAn 还提供了一些额外的、很实用的功能，选定的图像可以在预览区显示预览，控制预览开关可以打开或者关闭预览。如果想加载特定类型的文件，可以在 Files of type 菜单框中选择特定类型，这时只显示选择的类型，其他类型将全部隐藏。

Open as 下拉菜单框中可以选择打开图像的两种模式：①Dataset，此模式将自动载入整个数据集图像文件；②Single file，此模式只打开选择的一个图像文件。

Resize by 开关控制图像的缩放，如果不选择此开关，打开的图像为原始尺寸，如果选择此开关，CTAn 打开的图像像素分辨率为原始图像的 $1/X$（X 为选择的数字）。新的尺寸会在此开关下方显示。缩小图像像素分辨率会减少分析处理的数据量，加快分析处理的速度。

3. 设置参数

要改变程序参数，调整 CTAn 设定选项以适合特定应用，点击 File>Preferences，打开参数选择窗口，几个标签页中有许多设置和选项。

选项卡简述

General（常规选项卡）：二维和三维参数测量的输出选项，包含名称、单位、标记法和报告文件的扩展名等；其他选项支持导入的不同图像格式；JPEG 的压缩级别。

Animation（动画）：此栏可以调节视频显示和输出 AVI 文件的动画播放速度。但是设定的动画速度并不一定都能达到，对于尺寸非常大的图像，内存会限制此速度并低于设定值。

Rgion of interest（感兴趣区域）：包含选择的感兴趣区域（ROI）的默认形状——正方形或圆形；保存感兴趣区域数据集的尺寸选项；加载 ROI（.roi）文件的选项。

Histogram（直方图）：此选项卡用于骨密度（BMD）的校准，其他非骨物质的 BMD 也可以在此校准。

Volume（体积）：CTAn 中所建三维模型的分辨率水平，当然，分辨率的瓶颈取决于显卡配置。

Tools（工具）：在此输入 SkyScan CTVol 程序路径，以便自动打开在 CTAn 中创建的三维模型，还可以在桌面上建立 CTan 及批处理快捷方式。

Directions（目录）：在此指定临时文件目录和用户自定义的插件目录。

Advanced（高级）：该选项包括三维模型的表面渲染算法、行间距平均的截取长度（MIL）和各向异性分析、三维形态运算的多种选项等。

4. 原始图像查看模式

图像加载完成后，屏幕下方显示一张原始图像。在菜单栏中，将出现一个包含原始图像控制命令按钮的子菜单，用以控制图像大小、翻到上一张或下一张、打开测量工具等，这些命令也可以通过在原始图像上点击右键获得。

工具栏 Image>Properties 窗口会显示图像的信息：路径、文件名、文件尺寸、像素尺寸、图像宽度、图像高度，以及在数据集中 z 轴的位置。可以通过点击 Change 按钮，改变像素尺寸用于形态测量（如果保存了一个感兴趣区域数据集，像素尺寸会改变）。如果文件的路径太长而不能完全显示的话，把鼠标光标移动到路径上，根据光标的提示会出现完整的路径。

按住 Shift 键并滑动鼠标滚轮可以改变原始图像显示的放大倍率（即放大和缩小），在改变原始图像的放大倍率后，其他查看模式（如感兴趣区域、二元图像模式和已处理图像模式，图 3.30）会采用与原始图像相同的放大倍率并保持与原始图像相同的显示区域。

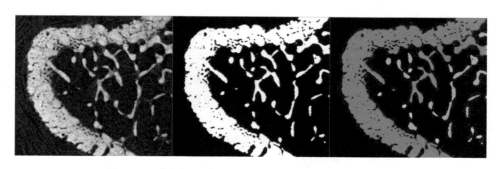

图 3.30　感兴趣区域、二元图像和已处理图像三种模式

在菜单栏的右侧有一个手形按钮，点击此按钮后，在原始图像按住鼠标左键可以控制对图像的移动，以在窗口显示想要的区域，再次点击手形工具可以取消此功能。

5. 数据集栏

数据集栏显示了原始图像文件列表，通过↑、↓键或者对数据集左边的滑块拖动可以实现图像文件之间的选择切换。在原始图像上点击右键，会出现一个菜单，各菜单项功能如图 3.31 所示。

Set Reference：此功能为感兴趣范围底部和顶部的自动选择设定了一个参考面。

Set the Top of Selection：设定感兴趣范围的顶部。

Set the Bottom of Selection：设定感兴趣范围的底部。

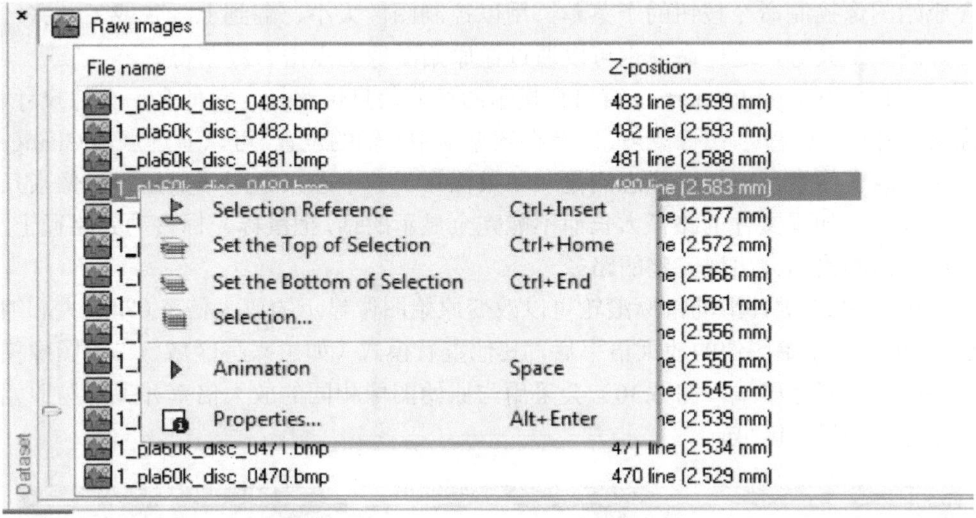

图 3.31　数据集栏子菜单功能

Selection：点击此选项将打开一个选择对话框，或者在 Direct 标签页中指定顶部和底部图片，或者在 Analytic 标签页中设定根据参考面预设的偏移量和感兴趣区域的高度。

Animation：对选定的感兴趣区域范围图像进行动画播放。

Properties：打开一个图像属性窗口。

数据集栏内的原始图像列表中，感兴趣区域内的图片图标为彩色，图片的背景为绿色；而感兴趣区域外的图片图标为黑白，背景为灰色。

6. 投影栏

在 SkyScan 设备创建的图像数据集中，有一个名字结尾为 "_spr" 的投影图，在 CTAn 程序中加载数据集后，对应的投影图会显示在程序窗口左上侧的投影栏中，在此投影图上点击右键，会出现一个子菜单（图 3.32），各项功能如下：

Show full area：显示完整投影图，不做任何修改；

Highlight inactive area：用绿色突出数据集外的区域；

Highlight nonselected area：用绿色突出选择区域外的范围；

Show vertical ruler：显示或者隐藏垂直标尺；

Show horizontal ruler：显示或者隐藏水平标尺。

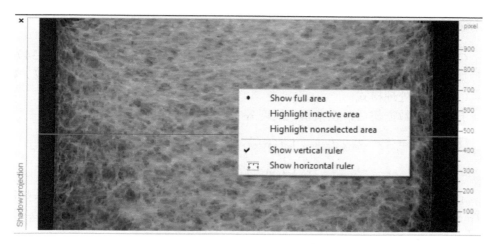

图 3.32　投影栏子菜单功能

投影图中的红线标示了当前显示的原始图像在数据集中的位置。如果在投影图中新的位置双击鼠标左键，红线会移动到此位置，并且在工作区显示的原始图片会变成距离此线最近的一张。在投影图和原始图像中，通过点击鼠标左键（选择起点），然后拉动到新的位置（选择终点）可以进行两间点的距离测量。此时会出现一条直线，并显示标尺图标和一个距离值，松开鼠标左键，测量工具消失。点击 File>Preferences，在 General 标签页可以选择二维和三维测量的单位，可选 microns（微米）、millimeters（毫米）、inches（英寸）或 pixels（像素）。

7. 调色板栏

调色板栏可以改变图像显示的外观和颜色，但并不改变图像的信息，可用于图像的查看（图 3.33）。点击 图标可以反转图像，在右边的下拉菜单中，可以选择 Original（初始）、Grayscale（灰度），以及两个 Corlor（彩色）图像显示模式，并可调节亮度及对比度。鼠标左键双击颜色查找表，亮度和对比度归零。

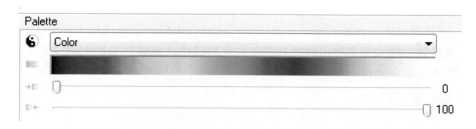

图 3.33　调色板

8. 总结 CTAn 分析的五大结构

　　CTAn 分析有五个阶段，这五个模式按钮按顺序排列在菜单栏中（图 3.34）：①原始图像模式；②兴趣区域模式；③二元化图像模式；④图像处理（计算）模式；⑤自定义处理模式。

　　打开一组数据集后，在菜单栏展现各个模式外观。

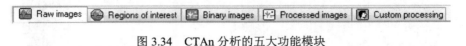

图 3.34　CTAn 分析的五大功能模块

　　在"View"菜单中，同样可以看到五种模式，这五种模式及相应工具功能如图 3.35 所示。

View / Selection – 打开选择兴趣区域垂直范围的对话框；	
View / Hand mode – 激活和关闭使用鼠标对图像显示位置进行拖放的手型工具；	
View / Raw images – 初步查看图像，轮廓和纵向取样；	Alt + 1，
View / Region of interest – 选择和查看图像的兴趣区域（ROI）；	Alt + 2，
View / Binary images – 选择二元阈值和查看二元图像，进行密度分析和构建三维模型；	Alt + 3，
View / Processed images – 进行二维及三维分析，查看分析图像和计算结果；	Alt + 4，
View / Custom processing – 使用插件程序，用户可自行定制顺序的图像处理和分析任务，查看结果图像。	Alt + 5，

图 3.35　CTAn 分析的五种模式功能及快捷键

　　切换到其中一种模式后，在数据集栏顶部会出现相应的选项卡。用 Alt 加数字来切换各个模式非常实用，尤其在二元化模式中，需要在 Alt+1 和 Alt+3 之间频繁切换来确定阈值。

9. 手动测量工具

　　点击工具栏中 图标激活手动测量工具并出现测量设置窗口，可在图像中进行角度测量、线测量和路径测量。

角度测量：在图像中按住鼠标左键（形成圆心），以水平线为一条基准线，随着鼠标的拖动和转动，另一条线与水平线的夹角即为测量结果（图 3.36）。

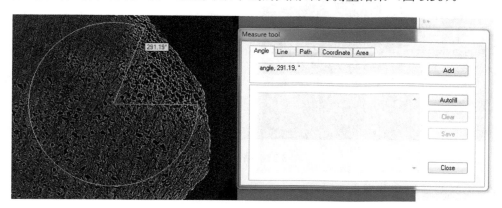

图 3.36　角度测量

线测量：在图像中按住鼠标左键（定起点），然后拖动鼠标到另一点（定终点），线测量会给出两点间的距离值（图 3.37）。

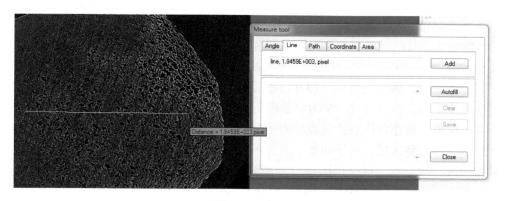

图 3.37　线测量

路径测量：在图像中按住鼠标左键并移动鼠标，鼠标所经过的轨迹的总长度即为路径测量的结果（图 3.38）。

测量窗口中分别有 Angle/Line/Path 标签页，分别对应以上三种测量功能，在进行每一次测量后，点击"Add"会添加测量结果到记录清单，如果"Autofill"按钮被激活，每次测量记录都会自动添加，"Clear"会清除所有清单记录，"Save"会保存清单记录为 TXT 文本文件，"Close"会关闭测量工具。

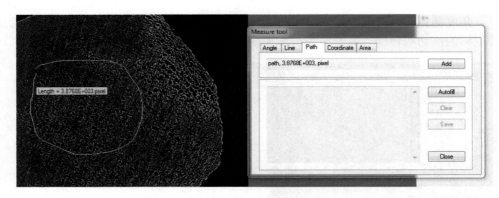

图 3.38　路径测量

10. 感兴趣区域查看模式

在感兴趣区域查看模式，可以勾画数据图像的感兴趣区域选区（如想使用默认感兴趣区选择，跳过此步），在感兴趣区类型的下拉菜单中，共有 7 种类型可供选择：Rectangle（矩形）、Square（正方形）、Elliptic（椭圆形）、Round（圆形）、Polygonal（徒手画多边形兴趣区域）、Empty（无感兴趣区域）、Interpolated（感兴趣区域来自邻近的图像差值处理）。

数据集图片的默认感兴趣区是与图片等大的矩形区域，点击 File>Preferences，在 Region of Insterest 标签页中设置默认感兴趣区域为矩形或者圆形。

术语说明：感兴趣区域（ROI）是指在一张单独图像中选择的区域，或者固定形状或手绘。感兴趣集（VOI）是指所有选择图像的感兴趣区域集合，并定义了将执行模型重建和形态计算程序的子集。

调整感兴趣区域：对于矩形、正方形、椭圆形、圆形四种规则形状，用鼠标调整周围的四个点即可。在图像中拖放感兴趣区域的同时，状态栏的左下角会显示 ROI 的相对位移（ROI offset）。在 ROI 页面，按住鼠标左键在图像上拖动，即可手绘 ROI，释放鼠标后，选区自动形成。点击 工具，多边形选区周边显示节点（图 3.39），可以通过插入、移动、移除节点等操作来修改多边形 ROI 形状。

感兴趣区域的编辑包括图 3.40 中的命令。

二元化模式中选择的阈值和垂直方向的感兴趣区域（ROI）可保存到后缀名为 roi 的文件中，加载 roi 文件，这两个选择和设置会自动恢复，点击 File>Preferences，选择 Region of Interest 选项，勾选 Restore binary selection 和 Restore view of interest 选项即可。

图 3.39 感兴趣区域的调整

Region of interest / Expand：扩展ROI到原始图像尺寸	⊕
Region of interest / Copy to All：拷贝当前ROI到所有数据集图像	晶
Region of interest / Reset All：取消所有数据集图像ROI	圉
Region of interest / Invert ROI：在图像中反选ROI	▫
Region of interest / Edited above：切换到上面一个ROI	Ctrl. + ↑
Region of interest / Edited below：切换到下面一个ROI	Ctrl. + ↓
Region of interest / Last Modified：切换到上一个修改的ROI	Backspace 退格键
Region of interest / Build Cube：在当前图像ROI为正方形的基础上，向上创建一个VOI立方体，VOL外的图像ROI将被设置为空，当前ROI为正方形，其他有效ROI显示为矩形	
Region of interest / Build Sphere：在当前图像ROI为圆形的基础上，以当前ROI为赤道，创建一个球体	
Region of interest / Load：加载保存的ROI	🖻

图 3.40 感兴趣区域的编辑命令

感兴趣区域还包括图 3.41 中的命令。

11. 二元化图像模式

打开二元化图像模式，图像以黑白色显示，图像中白色代表阈值选择的范围（实），而黑色为阈值外的部分（空）。

• Region of interest / Save [保存兴趣区域]：保存当前文件尺寸、类型、兴趣区域的选择、位置和垂直边界，以及二元化模式的灰度阈值	
• Region of interest / Save new dataset from ROI [根据兴趣区域保存新的数据集]：保存上下边界内的兴趣区域图像，并创建一个新的数据集	
• Region of interest / Cut ROI [剪切ROI]：剪切当前切片图的兴趣区域，可粘贴到其他切片图中	
• Region of interest / Copy ROI [拷贝ROI]：拷贝当前切片图的兴趣区域，可粘贴到其他切片图中	
• Region of interest / Paste ROI [粘贴ROI]：粘贴预先剪切或者拷贝的兴趣区域到某张切片图中	
• Edit polygonal ROI [编辑多边形ROI]：通过在已有的多边形边界移动、移除、增加调节点，使多边形边界更光滑、准确地接近理想的兴趣区域	

图 3.41　感兴趣区域的其他命令

直方图栏

直方图栏分为两部分（图 3.42），上面的部分是高亮显示的直方图分类窗口，下面的部分是此分类的文本表。

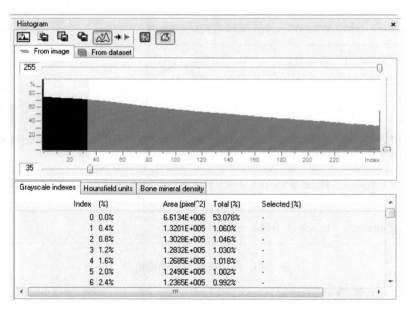

图 3.42　直方图栏

直方图表分为五列：①图像灰度的绝对值；②相对灰度的百分比；③图像灰度面积的绝对值；④特定灰度的面积对所有灰度面积的百分比；⑤选择范围内特定灰度的面积对所有灰度面积的百分比。

在直方图表的顶部菜单中，有替代灰度或者密度单位的三个选项卡，分别为灰度、HU、骨密度（BMD）。在表的底部，整个直方图的平均灰度值显示为"mean（total）"，同时给出了更多的数据：灰度选择的范围；二元化选区中体素的数量；二元化阈值选区中的平均灰度；标准偏差；等等。

在直方图窗口，当前的二元化选择突出为白色，未选择的显示为灰色，如要改变选取范围，使用上下两个滑块即可，窗口右边有一个直方图垂直缩放滑块。可以点击菜单中的"Histogram"来访问直方图的命令，也可以在直方图中点击鼠标右键选择执行命令。

12. 形态测量计算模式

在进行图像二元化后，可进入形态测量计算模式进行分析，二元化后的图像中，白色被确定为固有物体，而黑色被确定为背景。

分析栏

分析栏分为两部分，顶部是二维图像定量参数（注意 x 轴刻度）分布直方图，有 6 个参数（尺寸、周长、孔隙率等）可选择，每个参数对应不同的直方图。每个参数对应的直方图栏都有自己的颜色，在颜色栏中选择"Color"，就可以直观地看到不同的颜色呈现。也可以使用滑动条，自定义调节颜色。分析栏的底部是一个与当前图像及所选参数相对应的二维分析结果表，可以点击上面的参数栏按钮来切换不同的参数表，也可以点击鼠标右键来实现切换。

分析窗口如图 3.43 所示，分析栏的菜单命令见图 3.44。

单个对象的二维分析

在二维分析报告中，点击任何一行数据，都会在当前图像中，出现与之相对应区域的标记（中间带有"十"字的一个圆圈，处于区域的形态重心）。同样，在图像中的相同区域，点击鼠标右键，选择"2D Object Analysis"，出现的分析结果列表与上面相同（图 3.45）。每一条是一个单独的二维分析结果，标蓝的条目在此对象上会出现一个圆圈标记，如图 3.45 箭头所示。

单个对象的三维分析

此分析计算和输出 VOI 内每个二元化三维对象的三维参数。注意，不同于整体三维分析，这里不提示输入文件名等信息，直接就进行分析，分析完成后，将出现以下结果：

在结果窗口中（图 3.46），点击上面的任何参数名称，如"Object volume"，可以控制升序或者降序显示。此结果可保存、打印。

所有对象的三维分析

点击 Analysis>3D analysis 进行 VOI 内所有二元化对象（白色区域）的三维分

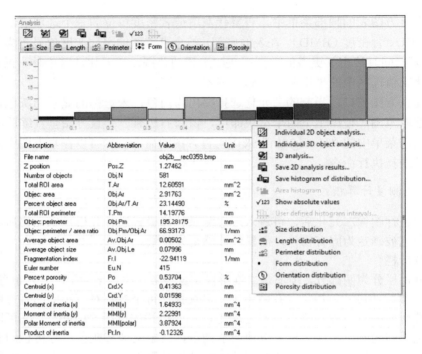

图 3.43　分析窗口

Individual 2D object analysis...	测量输出当前图像中所有非关联二元对象的二维形态参数
Individual 3D object analysis...	测量输出当前数据集兴趣体积中所有非关联二元对象的独特三维形态参数。数据报告列出了每个非关联三维对象的参数
3D analysis...	测量输出兴趣体积内所有二元化对象的整体三维形态参数。数据报告对兴趣体积内的所有二元化对象的每个参数给出了一个合计或整体值
Save 2D analysis results...	测量和输出兴趣区域内每个切片图像二元化对象的整体二维形态参数，保存的表中，每个图像的所有参数值占据一行
Save histogram of distribution...	保存当前图像非关联二元化对象所选二维参数的直方图为文本文件
Area histogram	在尺寸或者长度直方图栏中，"area histogram" 按钮可控制每个种类对象总数（N）和总表面积/总面积（S）之间的切换，作为y轴的单位
Show absolute values	此按钮显示每个直方图栏的数字值

图 3.44　分析栏的菜单命令

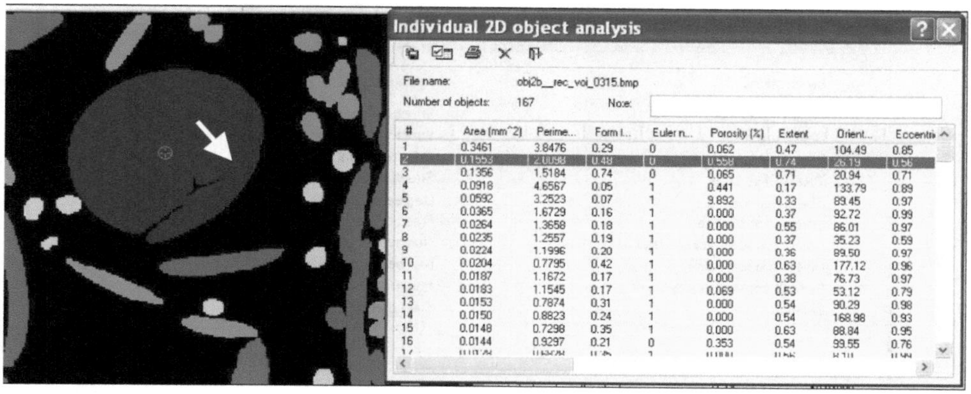

图 3.45 单个对象的二维分析

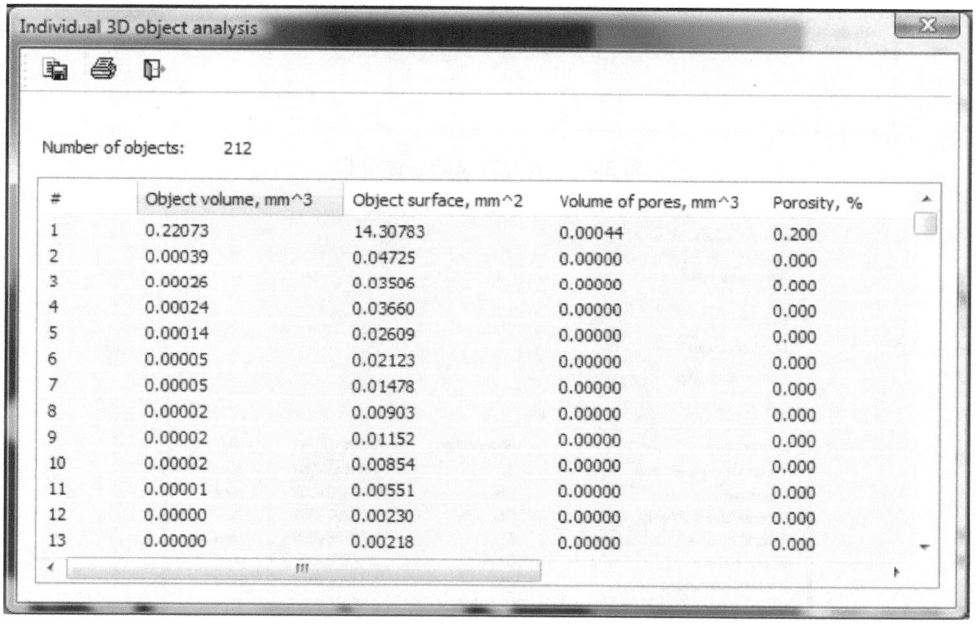

图 3.46 单个对象的三维分析

析。点击此按钮后,将打开一个对话框,在此可以选择添加附加的三维分析参数(图 3.47),也可以选择分析结果所保存的文件名和目录等信息。

三维分析结束后(图 3.48),出现一个绿色背景的表格,在三维分析对话框中,可以选择自动保存文件,在分析完成后,底部会显示"xx.txt(csv)自动保存已完成"信息。

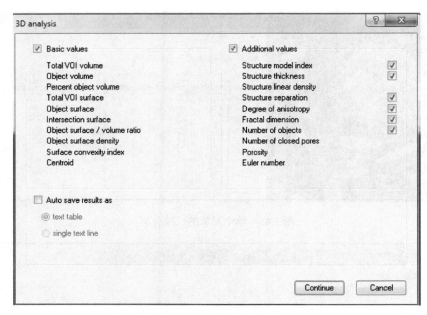

图 3.47　所有对象的三维分析

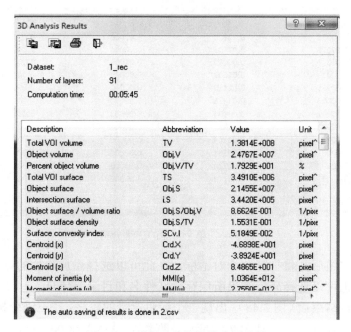

图 3.48　所有对象的三维分析结果

所有对象的二维分析

Analysis>Save 2D analysis results：保存感兴趣区域内所有图像的二维分析结果到一个文件中，每行显示一张图像的所有二维参数结果。文件默认保存结果为 txt 文件，点击 File> Preferences>General 中的"Text file type"中选择 CSV 格式，可以直接使用 Excel 程序打开。

13. 自定义处理模式

CTAn 中的自定义处理模式与先前工作方式截然不同，先前的二元化图像、二维及三维分析，可直接在自定义处理模式中制定，再加上许多附加功能，如图像处理操作（平滑、去斑等），在"Task list"中，可以通过添加和配置所选择的操作来完成一个功能复杂的三维分析。

首先，CTAn 内置了许多用于分析的模块和插件；另外，CTAn 允许用户自定义链接插件，点击 File>Preferences>Directories，选择扩展插件（.ctp）所在的目录，点击确认。

插件栏包含图 3.49 中的标签。

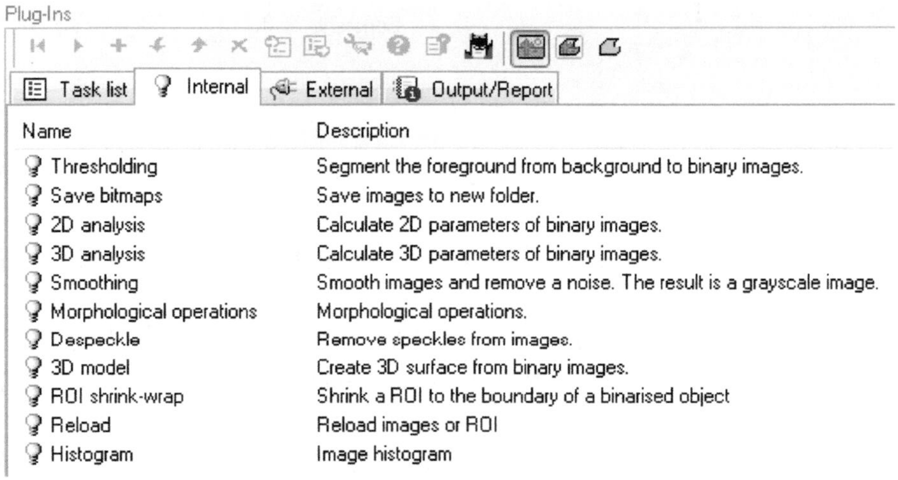

图 3.49 自定义处理模式插件栏

Output/Report

在此指定输出分析文件和报告文件的文件名及路径，分析完成后，点击 Open 按钮可以打开选定的文件，勾选 Show 会在分析完成后自动打开文件，勾选 Append 会把不同的分析结果追加到同一文件中，否则，原文件将被覆盖。

External：显示添加的外部插件列表；

Internal：显示内部插件列表；

Task list：显示所选择的内部和外部插件的列表，插件按自上而下顺序执行。

以下为部分自定义插件说明。

Thresholding（阈值）

阈值分割又称为二值化，因为它产生二进制图像（黑色和白色），阈值分割是显微 CT 数据分析的关键步骤。

在这个插件中设置二元化图像阈值的上下限（图 3.50）。顶部的类型可以选择"Global"和"Adaptive"，"Global"适用于大多数的 Micro-CT 图像。如果选择了"Adaptive"阈值中的一种，需选择以下三个选项：Background（背景）；Radius（图像处理的像素半径）；Constant（常量的偏移值）。

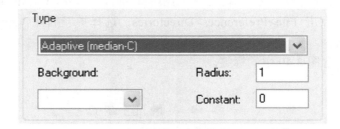

图 3.50　二元化图像阈值选择

半径界定了阈值内圆的三种计算方法（中位数、平均数、最大值及最小值的平均数）。

常数提供了一个阈值可识别的最大密度常数的偏差，增加常数可有效消除噪声。

在阈值窗口可选择"Pre-smoothing"及半径，这将应用一个二维高斯平滑，如果使用其他平滑方法，应取消选择"Pre-smoothing"，选择一个平滑插件放置于阈值之前。

Level 栏中，可以自定义阈值的上下限，如选择"Default levels"，阈值范围来自于二元化图像模式中的值，在批处理中，可以使用加载 ROI 文件来加载阈值。注意，如有必要，可多次运行阈值插件。

Save bitmaps（存储位图）

保存当前处理结果为新的数据集到一个子目录中（图 3.51），对话框的"Apply to"中，有三个图像保存选项：①Image inside ROI：只有 ROI 内的图像被保存；

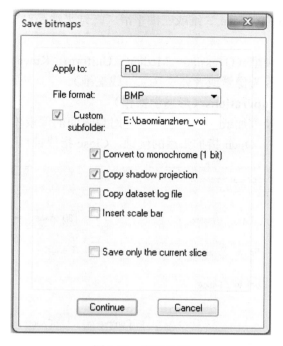

图 3.51　存储位图

②Image：保存整个图像；③ROI：保存二元化模式图像。在 File format 栏，可选择保存文件为 .bmp 或 .jpg 格式。

五个勾选框选项：

（1）Convert to monochrome：保存图像格式为 1 比特（像素只有黑或白）。这个选项只用于二元化图像；

（2）Copy shadow projection：拷贝一个投影图（文件名中含有_spr），以便在 DataViewer 和 CTAn 中使用；

（3）Copy dataset log file：保存 Log 文件到新的数据集中；

（4）Insert scale bar：在保存的图像右下角插入一个标尺栏；

（5）Save only the current slice：只保存目前这一张图片。

Smoothing（平滑）

平滑插件通常应用于灰度级的图像，如用于二元化图像，生成的图像将会产生几个灰度，再次使用阈值插件，会生成比较平滑的二元化图像。

平滑选项中的配置：

（1）2D space/3D space 二维或三维平滑（三维平滑是对 x、y、z 三个轴向的图像平均）；

（2）平滑算法类型（Gaussian、Median、Uniform、Kuwahara）；

（3）平滑的半径为像素或者体素（二维或三维）。

Morphological operations（形态学操作）

形态学操作涉及添加或移除已选二元化对象表面的像素/体素（分别称为侵蚀或者扩张，图 3.52）。Open 指扩张后的侵蚀，Close 指侵蚀后扩张。

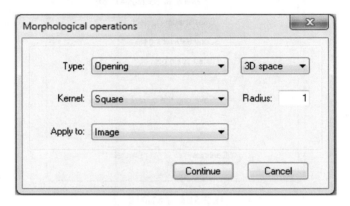

图 3.52　形态学操作

Open 程序分开由狭窄联结点连接的单独的对象，相反，Close 用于连接开始接近但实际分开的对象。在配置对话框中，"Type"栏可选择 erosion、dilation、open 和 close。右边可选应用于二维或者三维，中间选择用于形态操作的核心为正方形或者圆形，"Radius"栏可选择半径。像其他插件一样，形态学操作可用于当前图像或者 ROI，如选择 ROI，它将把 ROI 作为一个二元化的实心体对待，在"Apply to"中，可选择 Image 或者 ROI。

Despeckle（去斑）

去斑操作插件提供了一个更宽泛的图像处理操作（图 3.53），用于保留或者移除一定尺寸的对象。

在去斑插件配置窗口，去斑类型在"Type"栏选择，并可以选择消除 Area（2D）或者 Volume（3D）区域中大于或者小于或者设定大小区间的某个像素/体素的二元化对象。Apply to 栏中选择应用于图像或者 ROI。

下面是去斑类型的简单描述：

- Remove black speckles：移除低于或高于一定体素值的黑色对象；

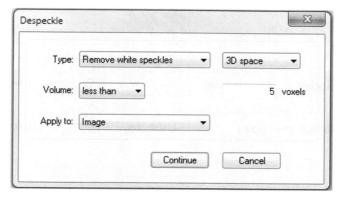

图 3.53　去斑操作

• Remove white speckles：移除低于或高于一定体素值的白色对象；

• Remove pores：移除被白色体素包围的黑色封闭区域，同样可用于二维和三维；

• Remove broken pores：移除与兴趣区域边界交叉的微孔；

• Remove broken objects：移除与兴趣区域边界交叉的对象；

• Remove inner objects：移除封闭区域内的独立对象；

• Remove outer objects：移除内部对象外的所有对象；

• Sweep：确定二维或者三维中的最大对象，然后删除其他所有对象。

去斑插件可用于当前图像或者 ROI，如用于 ROI，它将把 ROI 作为一个二元化的实心对象，点击 Apply to 保存参数选择。

Shrink-wrap ROI（收缩兴趣区域）

收缩兴趣区域插件能使 ROI 边界收缩更接近于二元化的实体对象边界，例如，用于研究对象的内部孔隙。在 Shrink-wrap 的设置窗口（图 3.54），选择 Stretch over holes 并选择缺口的最大直径值，单位为像素。

Mode 的其他选项：

• Fill out：在二元化图像实心的区域内选择 ROI，ROI 区域将扩张；

• Adaptive：如果 ROI 仅附带了对象的部分区域，使用此功能，结果同 Shrink-wrap。

3D model（三维模型）

创建 VOI 的三维模型。在配置窗口选择 Algorithm（算法），见图 3.55：

• Double time cubes：双移动立方体，是在移动立方体基础上改进的一种算法，使表面更加光滑；

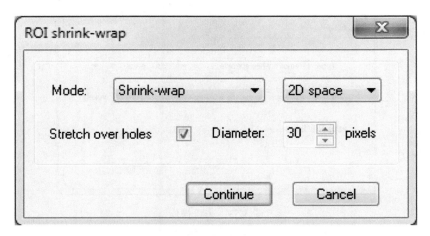

图 3.54　收缩及自适应感兴趣区域

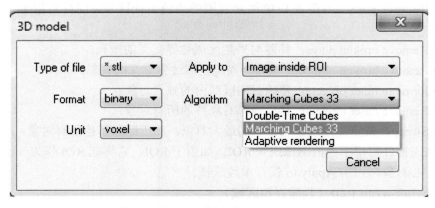

图 3.55　三维模型的创建

- Marching Cubes 33：移动立方体 33，是具有明确六面体模型的一种表面重建算法；
- Adaptive rendering：自适应渲染，是一种亚体素平滑渲染方法。

移动立方体 33 是由 Lorensen 和 Cline 在 1987 年开发的具有明确的六面体模型的一种表面重建方法，而双移动立方体是在移动立方体基础上改进的一种方法，此重建方法有近乎过半的小三角平面，使表面更加光滑（Bouvier，2000）。自适应渲染是一种亚体素平滑渲染方法。

CTAn 中创建的三维模型可以保存为三种格式：①.ctm 类型文件，以体素为空间尺寸的模型；②.p3g 类型文件，也是一个以体素为空间单位的模型，文件比

ctm 小很多，但是在 CTAn 中创建模型的时间比 ctm 要长很多；③.stl 类型文件，使用表面三角网格来表示 3D 形貌的 3D 模型格式，广泛用于三维成像和光固化软件，保存编码信息单位为 mm、μm、inch、pixel。

参 考 文 献

布鲁克公司 SkyScan NRecon (版本 1.6)、Dataviwer (版本 1.5)、CTvox (版本 2.1)、CT-Analyser (版本 1.10) 软件用户手册.

Bouvier DJ. 2000. Double Time Cubes: a fast surface construction algorithm for volume visualisation. Unpublished report, University of Arkansas, 313 Engineering Hall, Fayetteville, AR 72701, USA, 2000.

Koubar K, Bekaert V, Brasse D, et al. 2015. A fast experimental beam hardening correction method for accurate bone mineral measurements in 3DμCT imaging system. Journal of Microscopy, 258(3): 241-252.

Titanrenko S, Titanrenko V, Kyrieleis A, et al. 2009. A ring artifact suppression algorithm based on a priori information. Applied Physics Letters, 95: 071113.

第四章 扫描实例

以下实例皆为笔者使用 Bruker 公司的 SkyScan1172 显微 CT 进行的扫描。

第一节 水杉细枝的扫描

图 4.1 所示为笔者对一水杉细枝(直径 1mm,取自北京)进行显微 CT 扫描,扫描电压 55kV,扫描电流 118μA,未使用滤片,图像分辨率 0.68μm,曝光时间 520ms,旋转步长 0.2°,获取一系列图像,使用 NRecon 软件对图像进行三维重建,Dataviewer 软件生成三视图(图 4.1 A、C、D),CTvox 软件生成三维立体结构(图 4.1 B)。

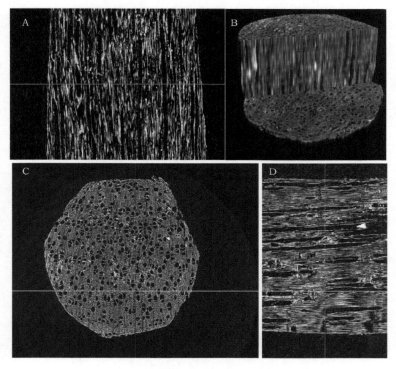

图 4.1 水杉细枝的显微 CT 扫描
A. 冠状切面;B. 三维切面;C. 横切面;D. 径向切面

第二节　大豆茎的扫描

为了比较新鲜样品与经二氧化碳临界点干燥后的植物样品扫描效果的差别，笔者分别对干燥前后的大豆茎进行了扫描。

图 4.2A 为新鲜的大豆茎横截面，扫描电压 88kV，扫描电流 112μA，图像分辨率 0.74μm，曝光时间 1250ms，旋转步长 0.2°，共扫描 101min，获取 996 张投影图，使用 NRecon 软件对图像进行重构，Postalignment：-4.00，Smoothing：0，Beam Ring Artifact Correction：27，生成 899 张横截面图。

图 4.2B 为二氧化碳临界点干燥后的大豆茎横截面图像，扫描电压 47kV，扫描电流 212μA，图像分辨率 0.88μm，曝光时间 940ms，旋转步长 0.2°，共扫描 91min，获取 996 张投影图，使用 NRecon 软件对图像进行重构，Postalignment：-11.0，Smoothing：0，Beam Ring Artifact Correction：7，生成 2525 张横截面图。

两图对比可以看出，新鲜大豆样品由于含水量高，内部成分基本由 C、H、O 构成，原子序数低，所以反差不明显，特别是茎中间部分的薄壁细胞，而边缘的厚壁细胞由于密度高，情况稍好。将其经二氧化碳临界点干燥后，样品内不含水分，这样细胞壁与细胞内的空气反差更明显，所以 CT 扫描后可以更清晰地看到细胞结构。另外，新鲜含水样品的密度大于干燥后的，所以新鲜样品扫描时需要更强的射线穿透力，电压更高。

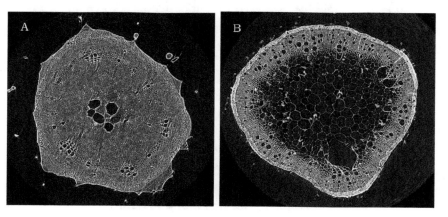

图 4.2　大豆茎的显微 CT 扫描（样品来自董阳等，未发表）
A. 新鲜大豆茎；B. 临界点干燥后的大豆茎

第三节　无苞杓兰花的扫描

无苞杓兰为国家重点保护野生植物，属于兰科杓兰亚科杓兰属，地上部分茎叶可入药。笔者对采自四川黄龙无苞杓兰的花进行显微 CT 扫描，观察花朵的三维结构。

将新鲜花剪下放到塑料管中，花柄浸在水中，管子用可塑性石蜡密封以减少水分散发，防止样品缩水。扫描电压 59kV，扫描电流 167μA，未使用滤片。为减少扫描时间，以减少样品缩水变形，使用 2K 模式，图像分辨率 8.91μm，曝光时间 220ms，旋转步长 0.6°。因样品过长，垂直方向分为三个视野扫描，共扫描 28min，获取 906 张投影图，使用 NRecon 软件对图像进行重构，Postalignment：三个视野分别为 3.0、1.0 和 2.5，Smoothing：1，生成 3033 张横截面图，重构用时 50min。使用 CTAn 软件选取感兴趣区域，将过长的花柄及塑料管等无关的部分去除。下图为 CTvox 软件生成的三维立体图，进行透明度调节，加伪彩色及灯光。图 4.3（A）为三维立体图，图 4.3（B）为一个纵切面。

图 4.3　无苞杓兰花的扫描（样品来自鲁宾雁等，未发表）
A. 全花；B. 纵剖面

第四节　菠菜种子的扫描

图 4.4 是对菠菜种子的显微 CT 扫描，扫描电压 66kV，扫描电流 145μA，未

使用滤片，图像分辨率 1.15μm，曝光时间 700ms，旋转步长 0.2°，共扫描 89min，获取 996 张投影图，使用 NRecon 软件对图像进行重构，Postalignment：−9.50，Smoothing：0，Beam Ring Artifact Correction：42，共生成 2525 张横截面图，重构时间共 5.4h。图 4.4 为三视图（A、C、D）和三维图像（B）。

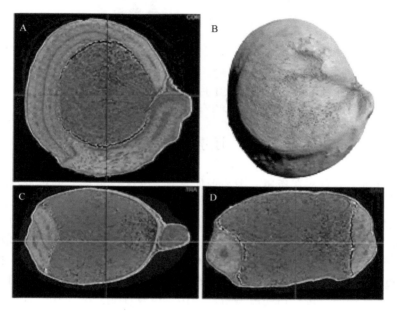

图 4.4　菠菜种子显微 CT 扫描（Meng et al.，2017）
A. 冠状切面；B. 三维结构；C. 横切面；D. 径向切面

第五节　油茶种子的扫描

油茶属山茶科植物，其种子可以榨油食用，也可作为工业润滑油。笔者对油茶种子（长度约 1cm）进行显微 CT 扫描，扫描电压 60kV，扫描电流 163μA，未使用滤片，图像分辨率 1.96μm，曝光时间 510ms，旋转步长 0.2°。因种子过长，垂直方向分两个视野扫描，共扫描 180min，获取 2988 张投影图，使用 NRecon 软件对图像进行重构，Postalignment：两个视野分别为 0.5 和 1.5，Smoothing：1，Beam Hardening Correction（%）：5。图 4.5 为 CTvox 软件生成的三维立体图，进行透明度调节，加伪彩色及灯光。图 4.5A 为三维立体图，图 4.5B 为一个纵切面。

图 4.5　油茶种子的显微 CT 扫描（样品来自戎俊，未发表）
A. 种子外观；B. 纵剖面

第六节　还亮草种子扫描

还亮草属于毛茛科翠雀属，因花形如飞燕，又名飞燕草，分布于我国秦岭以南。越南北部也有分布，可用于治疗风湿骨痛、半身不遂。种子扁球形，上部有螺旋状生长的横膜翅。笔者对还亮草种子进行了显微 CT 扫描，扫描电压 40 kV，扫描电流 250 μA，未使用滤片，分辨率 0.88 μm，曝光时间 1490ms，旋转步长 0.2°，使用 NRecon 软件对图像进行重构，Postalignment：−34.5，Smoothing：1，Beam Hardening Correction（%）：5，Ring Artifact Correction：28。图 4.6 为 CTvox 软件生成的三维立体图，进行透明度调节，加伪彩色及灯光。图 4.6A 为侧面观，图 4.6B 为顶面观。

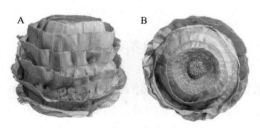

图 4.6　还亮草种子的显微 CT 扫描（样品来自张文根，未发表）
A. 侧面观；B. 顶面观

第七节　普通核桃与文玩核桃果壳的扫描

文玩核桃大小悬殊，皮厚，个大，皱褶多，果壳造型奇特、纹路优美，较一般核桃硬，所以对其果壳进行了显微 CT 扫描。扫描电压 88 kV，扫描电流 114 μA，分辨率 0.88 μm，曝光时间 1480ms，旋转步长 0.2°，使用 NRecon 软件对图像进行重构（图 4.7），Postalignment：13.0，Smoothing：1，Beam Hardening Correction（%）：5，Ring Artifact Correction：30。

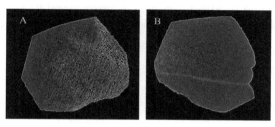

图 4.7　核桃果壳的显微 CT 扫描（横切面，样品来自陈嫒，未发表）
A. 普通核桃果壳；B. 文玩核桃果壳

使用 CTAn 软件分析了孔隙率，普通核桃果壳为 76.661%，文玩核桃为 59.051%，由此可见，文玩核桃的果壳要比普通核桃致密很多。

第八节　槲蕨根状茎的扫描

槲蕨属于水龙骨目槲蕨科槲蕨属植物，生于高山地带的石上或树上，是一种重要的中药，又叫骨碎补，药用部位主要是它的根状茎。为提高对比度，笔者对槲蕨的根状茎进行了二氧化碳临界点干燥，之后显微 CT 扫描，电压 44 kV，电流 218 μA，分辨率 0.95 μm，曝光时间 1500ms，旋转步长 0.2°，使用 NRecon 软件对图像进行重构，Postalignment：–19.5，Smoothing：1，Beam Hardening Correction（%）：28，Ring Artifact Correction：20。三维结构的一个切面类似于石蜡切片的效果（图 4.8）。

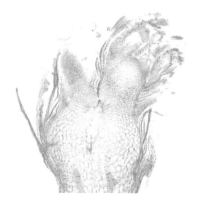

图 4.8　槲蕨的三维结构纵切面（样品来自王頔，未发表）

参 考 文 献

Meng SC, Liu CJ, Xu XP, et al. 2018. Comparison of morphological features of fruits and seeds for identifying two taxonomic varieties of *Spinacia oleracea* L. Canadian Journal of Plant Science, 98: 318-331.

第五章 显微 CT 技术未来发展趋势

显微 CT 技术经过 30 多年的发展，空间分辨、时间分辨、剂量控制方面都得到了很大的提高，未来其主要发展方向可概述为高对比度、超高分辨、与 3D 打印等其他学科结合等几个方面。

第一节 高对比度 CT 成像——相位衬度 CT

目前广泛使用的显微 CT 主要基于吸收衬度成像，对比度机制均是以 X 射线的衰减为基础，对于密度差别大的两种组织有很好的分辨能力。而生物软组织的主要成分是碳、氢、氧等低原子序数的元素，其密度值十分接近（1%～5%）（鲍园，2016），很难分辨出内部细节。对弱吸收组织，不仅成像质量不好，辐射剂量也是令人关注的问题。

相位衬度成像（X-ray phase contrast imaging，简称相衬成像）是 20 世纪 90 年代才发展起来的一种新的成像方式。由于 X 射线穿过物质的时候，不仅振幅会变小，相位也会变化，这些过程都可以形成图像的衬度，通过记录相位变化来反映样品内部电子密度的分布情况，从而得到样品内部结构的信息。当 X 射线与物质相互作用时，低原子序数组成的轻元素样品发生的相位变化是吸收变化的几千到几万倍。以碳元素为例，在同步辐射硬 X 射线波段，碳元素的相移因子比吸收因子高 3～5 个数量级（王声翔，2017）。

这种成像方式能够在极低的射线剂量下，极大地提高成像衬度，改变 X 射线发现百余年来吸收衬度成像一统天下的格局，解决了生物软组织、化石、聚合物、纤维材料等低吸收衬度样品的三维重建难题。

在过去二十多年中，X 射线相衬成像是一个热点课题。传统的做法是通过干涉仪、衍射仪和同轴全息分别实现（Wang et al.，2008）。干涉仪和衍射仪只有在配备同步辐射光源的情况下才可以使用。同步辐射光源是理想的 X 射线相衬成像的光源，见本章第三节，因为其发出的 X 射线具有很好的空间相干性，可以实现小发射点和高光子通量（奚岩，2013）。同轴全息方法最先由 Gabor 在 1948 年提出（Gabor，1948），他也因此获得了诺贝尔奖。

近年来，相衬成像技术引起了全世界科学家的极大兴趣，有望引导第三次医学影像革命。除相衬 CT 可以用于提高样品的对比度外，应用提高对比度试剂和将样品干燥处理等，也有助于提高对比度。

科学的发展没有止境，未来随着仪器性能的提高，以及新技术、新方法的联合应用，相衬成像还将继续不断地在广度和深度上发展下去，发展出分辨率更高、对弱信号更灵敏、成像机制更丰富、功能更强大的成像方法。

第二节　超高分辨——纳米 CT

纳米 CT（nano CT）一般是指分辨率在微米以下的显微 CT，分为低端纳米 CT 和高端纳米 CT。低端纳米 CT 对射线源的要求较高端纳米 CT 低，需要纳米级点源或者是高性光路系统，最高分辨率一般在百纳米量级，视野范围为毫米量级，主要针对组织或者小型动植物成像。高端纳米 CT 需要同步辐射源，以及波带片或者毛细管等高精度 X 射线光学器件，其分辨率可达到十纳米量级，视野范围一般只有几十微米，主要用于细胞层级的成像（李光等，2013）。目前世界上多数同步辐射研究中心都配备了高端纳米 CT 成像装置（陈洁等，2007）。

目前虽然纳米 CT 的扫描精度很高，但同时付出代价的是扫描标本必须有很小的视野范围，只有一个细胞大小，否则很难精确重建。由于同步辐射源纳米 CT 中 X 射线的穿行路径长，损耗多，所以其曝光时间较长。

而且，纳米 CT 对于生物样品来说扫描条件较为严苛。因为几乎所有的生物材料对于高强度射线都是敏感的，长时间的照射会导致辐射损伤，引起细胞结构破坏，导致成像过程中引入伪影。研究发现，经过冷冻的样品，抗辐射能力可得到显著提升（Carzaniga et al.，2014），因此在制备样品时，需要对样品进行冷冻处理，并且在数据采集过程中要保持样品处于低温环境。

此外，波长越短的 X 射线能量越大，波长介于 0.001～0.1nm 区间内的为硬 X 射线，介于 0.1～10nm 区间内的为软 X 射线。软 X 射线对含碳和氮元素的细胞和组织等具有较高的衬度，而对水来说则是相对透明的，因此很适合用来研究含水的生物样品。所以，为提高细胞衬度一般使用软 X 射线成像，而空气对软 X 射线的吸收较强，因此在实验过程中，设备需要处于真空环境中（关勇等，2017）。

目前，纳米 CT 是成长最快的 CT 技术，该技术的研究还在不断发展，随着各种光学器件、成像方法及硬件实现方式的改进和创新，纳米 CT 的分辨率将越来越高，越来越易于使用，弥补光学显微镜和电子显微镜的不足，为多尺度成像提供强有力的支持。纳米 CT 技术在各个科学领域中均有着广阔的应用前景，更多应用价值还有待不同学科的学者共同探索和发掘。

第三节　同步辐射光源

由于以上两种技术都需要同步辐射光源，所以本节对同步辐射光源进行介绍。

现在普遍使用的显微 CT 利用微焦点 X 射线源作为光源，由于其光通量低且为非单色光，对不同样品有不同程度的束线硬化（杜国浩等，2009），而且主要基于吸收衬度成像，所以在扫描软组织等 X 射线吸收较弱的组织时，较难辨别组织内部细节。

X 射线作为探测物质结构的探针，其亮度是最关键的指标之一。更高的亮度意味着可以在空间、能量、时间等维度上获得更好的分辨能力，同时实验的效率更高。因此，如何获得更高亮度的 X 射线源一直是科研人员孜孜不倦追求的目标（姜晓明等，2014）。

20 世纪中叶，基于粒子加速器的 X 射线产生技术，诞生了远比常规 X 射线源性能先进的同步辐射光源（synchrotron radiation facility，SRF），使 X 射线光源发生了革命性的变革（Codling，1973）。同步辐射光源是指产生同步辐射的物理装置，经过直线加速器加速至接近光速的带电离子行进受磁场作用，沿着环形轨道运动时沿着切线辐射出的一种电磁波，是一种高性能新型强光源。电子同步加速器的出现，特别是电子储存环的发展，推动了同步辐射的广泛应用。

同步辐射是加速器物理学家发现的，但最初它并不受欢迎，因为建造加速器的目的在于使粒子得到更高的能量，而它却把粒子获得的能量以更高的速率辐射掉，因此它只是作为一种不可避免的现实被加速器物理学家和高能物理学家接受（冼鼎昌，2013）。

同步辐射应用的可行性研究工作是 20 世纪 60 年代初期开始的。它具有单色亮度高、光谱极宽并连续可调、脉冲时间结构、高相干性、高偏振性、高准直性、高强度、可精确计算（光子通量、光谱分布、角分布等特性）等常规光源所不具有的优异性能（Mobilio and Balerna，1999）。从 20 世纪 70 年代开始，同步辐射应用便步入了它的现代阶段（冼鼎昌，2005）。

同步辐射是一个庞大而复杂的大科学装置，因此它的建造和运行很大程度上代表了一个国家的综合科学技术发展水平。目前，全世界已相继建成 50 多台同步辐射光源，提供不同能区的 X 射线及各种先进的实验技术，能为多学科的创新研究提供支撑（央视网 http://news.cctv.com/2017/01/22/ARTIKjnspllTQhrnt91N6nU1170122.shtml [2019-3-18]）。我国内地现有三台同步辐射装置：北京同步辐射光源（Beijing Synchrotron Radiation Facility，BSRF）、合肥同步辐射光源（Hefei Light Source，HLS）和上海同步辐射光源（Shanghai Synchrotron Radiation Facility，SSRF）（姜晓明等，2014）。其中，上海同步辐射光源（图 5.1）是一台世界先进的第三代同步辐射光源，电子储存环电子束能量为 3.5GeV（35 亿电子伏特），仅次于世界上仅有的三台高能光源（美国、日本、欧洲各一台），居世界第四，性能在同能区中领先。

图 5.1　上海同步辐射光源（引自上海光源网 http://ssrf.sinap.cas.cn/gyssrf/shayjs/[2019-3-18]）

在"十三五"期间，我国将在北京建设一台高性能的高能同步辐射光源，也称为"北京光源"，其设计亮度及相干度均高于世界现有、在建或计划中的光源，建成以后将比美国刚刚建成的 NSLS-II 亮 70 倍，比瑞典刚刚建成还没有投入运行的 MAXIV 亮 10 倍。它也是中国科学院与北京市共建怀柔科学城的核心。"北京光源"项目预计 2024 年建成，工期历时约 6 年，计划耗资 48 亿元，建成后将向世界顶级科研机构和科学家开放（中国青年网 http://news.youth.cn/gn/201706/t20170606_9985915.htm [2019-3-18]，搜狐科技 http://www.sohu.com/a/124948910_355034 [2019-3-18]）。

随着同步辐射源的出现，科学家们开始应用这些高强度、高亮度的 X 射线源进行 CT 成像。其高通量、高分辨率，以及同轴轮廓相位衬度成像的方式，为研究低吸收材料、考古、生物医学等样品微观的三维形态提供了有力的平台。同步辐射光源 CT 虽优于显微 CT，但世界上数量有限，且费用昂贵，排队等待时间长，所以目前科研上仍以桌面显微 CT 为主。

第四节　与显微 CT 结合的 3D 打印技术

3D 打印技术（three dimension printing，3DP）最初的发展要追溯到 20 世纪 80~90 年代，一般工厂制造一个产品前，先制造这个产品的原型，之后根据这个原型生产数以千计的相同产品。制造单个原型非常昂贵，但是 3D 打印要便宜得多（Birtchnell and Urry，2013）。

3D 打印技术是一种快速成型技术，其打印过程是通过离散堆积的方式，以数字模型文件为基础，将三维模型离散成一系列的二维切片层，然后通过逐层打印的方式将可黏合材料逐层堆积成型。结合数字化的三维模型设计数据进行制造，能够制造出传统加工手段无法实现的复杂结构形状的三维实体。

与传统加工方法相比，这种逐层堆积的加工方式极大地提高了材料的利用率。3D 打印无废料、无铣削、无打磨，有研究表明使用金属进行 3D 打印加工产品比用传统机械方法加工减少原材料 40%（Berman，2012）。其优点还包括易于复制、个性化定制等，且不需要原坯和模具，从而减少了时间和成本。此外，3D 打印在小体积、小尺寸、设计复杂的产品方面应用更多。3D 打印能形成结构复杂的物体，包括传统加工手段无法实现的高复杂度结构，控制物体内部结构，包括孔隙率和孔隙大小等。

通过显微 CT 技术可以较容易地获得相关样品的二维断层扫描图像，由三维实体获得数字模型，涵盖了投影数据采集、数据校正和三维图像重建等过程，然后将断层数据转化为快速成型系统通用的数据输入格式，使用 3D 打印技术快速、精确地制造出相应产品。国外已研制出了商品化的三维 CT 影像处理的系统软件，如 Mimics 和 3D-Doctor 软件系统，它们能对各种断层扫描的数据图像（CT、核磁共振）进行编辑和处理，并根据这些断层数据快速构造出三维数字模型，还具有对三维模型进行编辑和分析等功能，然后输出通用的文件格式，可以在计算机上对大规模的断层扫描数据进行转换处理。

3D 打印技术可以根据 CT 得到的数字模型制造三维实体，二者的结合将共同提高实体世界和数字世界之间形态转换的分辨率，可以扫描、编辑和复制实体对象，创建精确的副本或优化原件。显微 CT 技术与 3D 打印技术在功能上相互补充，二者的有机结合是未来发展的趋势。

3D 打印首先在模具制造、工业设计等领域被用于制造模型，后逐渐用于一些产品的直接制造。应用领域涵盖了航空航天、汽车制造、武器制造、模具加工、电子工业、生物医学、建筑设计、艺术品制造、食品工业及时尚产业等众多领域（宋熙煜等，2015）。近年来，3D 打印技术在医学方面发展更为迅速，如可以为患者定制打印特定的植入物，再生出结构复杂的组织，生物材料、活细胞或细胞因子都可以作为打印材料。目前，3D 打印主流材料主要为金属、树脂、塑料和陶瓷等（杨玥等，2018；谢兴龙等，2018）。

Berman（2012）预测，3D 打印的发展会经历三个阶段：第一阶段，建筑师、艺术家和产品设计师使用 3D 打印技术制作新设计的原型或模型；第二阶段，制造成品；第三阶段，终端消费者拥有和使用 3D 打印机，就像传统的桌面激光打印机。3D 印打印技术被称为下一次工业革命，与显微 CT、核磁共振等其他技术相结合，未来会改变许多工业和学术活动。

参 考 文 献

鲍园. 2016. X 射线微分相位衬度成像及 CT 的理论和方法研究. 中国科学技术大学博士学位论文.
陈洁，柳龙华，刘刚，等. 2007 高分辨率 X 射线显微成像及其进展. 物理, 36: 588-594.
杜国浩，陈荣昌，谢红兰，等. 2009. 同步辐射在显微 CT 中的应用. 生物医学工程学进展, 30: 226-231.
关勇，梁知挺，刘刚，等. 2017. 软 X 射线纳米 CT 综述. 中国科技论文, 12(5): 477-483.
姜晓明，王九庆，秦庆，等. 2014. 中国高能同步辐射光源及其验证装置工程. 中国科学(物理学、力学、天文学), 44(10): 1075-1094.
李光，罗守华，顾宁. 2013. Nano CT 成像进展. 科学通报, 58(7): 501-509.
宋熙煜，闫镔，周利莉，等. 2015. 3D 打印技术在 CT 领域的应用. CT 理论与应用研究, 24(1): 57-68.
王声翔. 2017. X 射线相位衬度生物学成像研究. 中国科学技术大学博士学位论文.
奚岩. 2013. 同步辐射 X 光相衬成像方法研究. 上海交通大学博士学位论文.
冼鼎昌. 2005. 同步辐射的现状和发展. 中国科学基金, 6: 321-325.
冼鼎昌. 2013. 同步辐射历史及现状. 物理, 42: 374-377.
谢兴龙，沈卫星，朱健强. 2018. 2017 年光学热点回眸. 科技导报, 36(1): 18-30.
杨玥，钱滨，刘畅，等. 2018 激光 3D 打印玻璃研究现状及进展. 激光与光电子学进展, 55(1): 011409.
Berman B. 2012. 3-D printing: The new industrial revolution. Business Horizons, 55: 155-162.
Birtchnell T, Urry J. 2013. 3D, SF and the future. Futures, 50: 25-34.
Brodersen CR, Roddy AB. 2016. New frontiers in the three- dimensional visualization of plant structure and function. American Journal of Botany, 103(2): 184-188.
Carzaniga R, Domart MC, Collinson LM, et al. 2014. Cryo-soft X-ray tomography: a journey into

the world of the native-state cell. Protoplasma, 251(2): 449-458.
Codling K. 1973. Applications of synchrotron radiation. Rep Prog Phys, 36: 541-624.
Gabor D. 1948. A new microscopic principle. Nature, 161: 777-778.
Mobilio S, Balerna A. 1999. Introduction to the main properties of synchrotron radiation. Conference Proceedings-Italian Physical Society, 82: 1-24.
Wang G, Yu H, De Man B. 2008. An outlook on x-ray CT research and development. Med Phys, 35(3): 1051-1064.